TABLE ALPHABÉTIQUE

DOCUMENTS SUR LA PROVINCE DU PERCHE
2e Série. — No 1.

TABLE ALPHABÉTIQUE

Donnant les Identifications des Noms de Personnes et de Lieux

CONTENUS DANS LA

GÉOGRAPHIE

ET DANS LE

CARTULAIRE DU PERCHE

Par le Vicomte DE ROMANET

Ancien Élève de l'École des Chartes
et Président de la Société Percheronne d'Histoire et d'Archéologie

MORTAGNE

IMPRIMERIE DE L'ÉCHO DE L'ORNE

1901-1902

TABLEAU
DE TOUTES LES PAROISSES ET COMMUNES
de la Province du Perche
RANGÉES PAR ORDRE ALPHABÉTIQUE
AVEC L'INDICATION :
DU CANTON DONT ELLES FONT PARTIE
et du chiffre de leur Population en 1896

Cette liste a été dressée d'après les sources suivantes :

Assiette d'impôt faite en 1466 sur les habitants de l'élection d'Alençon et de la comté du Perche. (B. N., ms. fr. 21,421.)

Procès-verbal de la rédaction des Coutumes du Perche en 1559.

Liste donnée par Bart des Boulais, dans ses Antiquitez du Perche, Éd. Tournoüer, dans les Documents sur le Perche, p. 19 à 27.

Dénombrement du royaume par Généralités, élections, paroisses et feux, publié en 1709.

Pouillé du diocèse de Seez, rédigé en 1763 et conservé à l'évêché.

Dictionnaire géographique de l'abbé Expilly, publié en 1766.

Géographie du diocèse du Mans, par Cauvin.

Recueils des Actes administratifs de l'Orne et de l'Eure-et-Loir pour 1897.

On remarquera qu'elle contient les mêmes noms (au nombre de 189) que le tableau placé ci-dessus, p. 128, *sauf* qu'on y a ajouté : *Vaupillon* (démembré de St-Éliph à la fin du siècle dernier ou au commencement de celui-ci, ce qui fait qu'il n'est pas mentionné dans les listes du XVIe au XVIIIe siècle), *Ste-Croix de Mortagne* (qui n'a jamais eu d'autre curé que celui de Loisé, mais formait cependant une paroisse distincte), la *Croix-du-Perche* (comprise dans la liste de Bart des Boulais et dont quelques feux pouvaient être de la province du Perche, quoique le chef-lieu et la majorité de la paroisse fussent du Perche-Gouet), enfin *St-Jean de Maures,* omis par erreur. En revanche, on a dû effacer *Souazé* (en Brunelles), compris par erreur dans le tableau ci-dessus, car il ne semble avoir jamais formé ni paroisse ni communauté et ne doit pas être confondu avec St-Hilaire-de-Soisay (réuni à la Perrière), ni avec Soisay, paroisse du Perche-Gouet, canton d'Authon, dont le nom s'est quelquefois écrit : Souazé. On n'a pas cru devoir comprendre dans cette liste la paroisse de Bonvilliers, quoiqu'indiquée par Bart, parce que cette paroisse, aujourd'hui réunie à la Chapelle-Fortin, est en plein Thimerais, à 7 ou 8 lieues des limites de la Châtellenie de Nogent, dans laquelle Bart la place, ce qui autorise à supposer une erreur et une confusion, soit avec Nonvilliers, soit avec Bethonvilliers, d'autant plus que Bart est le seul à indiquer cette paroisse comme étant du Perche.

AVIS AU RELIEUR. — Ce tableau devra être placé soit vers la fin du 1er volume de la Géographie du Perche, entre les p. 168 et 169, soit en tête, à côté de la carte.

COMMUNE	Popul. en 1896	CANTON	COMMUNE	Popul. en 1896	CANTON
Appenai-s.-Bellême ..	421	Bellême	Contrebis, jadis Conturbie (p. et c. réunies à Randonnai) ..	....	Tourouvre
Argenvilliers (p. et c. réunies à Beaumont)	....	Authon	Corbon ,p. réunie à Mauves 1802)......	212	Mortagne
les Autels-Tubœuf (p. et c. réunies à Beaumont en 1835)......	....	Authon	Corubert (p. réunie à Colonard 1867)....	159	Nocé
Autheuil...........	248	Tourouvre	Coudrai-au-Perche ...	592	Authon
Avezé (en partie).....	....	la Ferté-Bernard	Coudreceau	656	Thiron
Barville............	429	Pervenchères	Coulimer...........	713	Pervenchères
Basoches-sur-Hoëne..	880	ch.-l. de canton	Coulonges-les-Sablons	789	Regmalart
Beaumont-les-Autels (jadis B.-le-Chartif) .	816	Authon	Courcerault	508	Nocé
Bellavilliers.........	503	Bellavilliers	Courgeon	440	Mortagne
Bellême (St-Pierre de), psse réunie à St-Sauveur de Bell. en 1802.	....	Bellême	Courgeoût...........	645	Basoches-s-H.
Bellême (St-Sauveur de).	2599	ch.-l. de canton	Courgommer (cité en 1466, réuni très anciennem. à St-Fulgent	....	Bellême
Bellou-le-Trichard ...	552	le Theil	Courteharaye, voir : St-Aubin........	....	Basoches-s-H.
Bellou-sur-Huine	704	Regmalart	Courthioust (p. et c. réunies à Colonard en 1807)...........	....	Nocé
Berd'huis..........	703	Nocé	Courtoulin (p. réunie à Basoches)	88	Basoches-s-H.
Bethonvilliers	367	Authon	Coutretot (p. et c. réunies à Trizay).....	....	Nogent
Bivilliers	152	Tourouvre	la Croix-du-Perche (en partie)............	....	Thiron
Bizou	205	Longny	Dame-Marie.	487	Bellême
Boëcé (p. réunie à la Mesnière).........	147	Basoches-s-H.	Dancé	534	Nocé
Boissy-Maugis.......	807	Regmalart	Dollon (en partie)....	....	Vibraye
Bresolettes.........	108	Tourouvre	Dorceau	691	Regmalart
Bretoncelles	1629	Regmalart	Eperrais...........	346	Pervenchères
Brotz (p. et c. réunies à l'Hôme-Ch.)	....	Longny	les Etilleux..........	375	Authon
Brunelles..........	655	Nogent	Favril (St-Pierre du)..	580	Courville
la Bruyère (ancien nom de St-Pierre-la-B	....	Nocé	Feillet (p. et c. réunies au Mage)	....	Longny
Bubertré..........	297	Tourouvre	Feings.............	524	Mortagne
le Buisson (chef-lieu actuel de la p. de Colonard)...........	....	Nocé	Fontaine-Simon......	607	la Loupe
Buré	211	Basoches-s-H.	Frétigny	863	Thiron
Ceton	2761	le Theil	Gastineau, ancien nom de Préval......	....	la Ferté-Bernard
Champeaux-s-Sarthe .	350	Basoches-s-H.	la Gaudaine	221	Nogent
Champrond-en-Perchet (p réunie à Brunelles)	268	Nogent	Gémages...........	308	le Theil
Champrond-s.-Braye (en partie)	....	Montmirail	Gué-de-la-Chaine (p. et c. démembrées de St-Martin-du-Vieux-Bellême en 1867 et 1872)	932	Bellême
Champs...........	203	Tourouvre	Happonvilliers.	578	Thiron
la Chapelle-Gastineau (anc. nom de Préval).	....		l'Hermitière........	384	le Theil
la Chapelle-Montligeon	813	Mortagne	l'Hôme-Chamondot...	406	Longny
la Chapelle-St-Rémy (en partie)	....	Tuffé	Igé..............	1261	Bellême
la Chapelle-Souëf	601	Bellême	la Lande-sur-Eure ...	418	Longny
Chemilli	484	Bellême	Lignerolles.........	280	Tourouvre
Colonard	440	Nocé	Loisail............	263	Mortagne
Comblot	130	Mortagne	Loisé (c réunie à Mortagne)............	....	Mortagne
Combres...........	708	Thiron			
Condé-sur-Huine ...	1225	Regmalart			
Condeau...........	572	Regmalart			

NOTA. — On a mis en abrégé : p. pour paroisse, et c. pour commune.

COMMUNE	Popul. en 1896	CANTON
Longny	1860	Longny
Longpont (p. et c. réunies à la Mesnière)	....	Basoches-s-H.
la Madeleine-Bouvet	484	Regmalart
le Mage	534	Longny
Maison-Maugis	197	Regmalart
Mâle	979	le Theil
Malétable	180	Longny
Marchainville	481	Longny
Marcilly (p. et c. réunies à Igé)	....	Bellême
Margon	528	Nogent
Marolles	488	Thiron
Mauves (St-Jean de), p. et c. réunies à St-Pierre de Mauves)	....	Mortagne
Mauves (St-Pierre de)	985	Mortagne
Meaucé	334	la Loupe
les Menus	280	Longny
la Mesnière	544	Basoches-s-H.
Monceaux	206	Longny
Montgaudry	308	Pervenchères
Montigny-le-Chartif	855	Thiron
Montireau	204	la Loupe
Montlandon	341	la Loupe
Mortagne (N.-D. de)	4277	Mortagne
Mortagne (St-Jean) p. et c. réunies à N.-D.	....	Id.
Mortagne (St-Malo), p. et c. réunies à N.-D.	....	Id.
Mortagne (Ste-Croix), succursale de Loisé réunie à Mortagne)	....	Id.
la Motte-d'Iversay (p. et c. réunies à l'Hôme-Chamondot)	....	Longny
Moulicent	527	Longny
Moutiers-au-Perche	1112	Regmalart
Neuilly-sur-Eure, jadis : Nully)	759	Longny
Nocé	1208	Nocé
Nogent-le-Bernard (ou le Petit-Nogent), en partie	....	Bonnétable
Nogent-le-Rotr. (N.-D.)		
Nogent-le-Rotrou (St-Hilaire)		
Nogent-le-Rotrou (St-Jean)	8489	Nogent
Nogent-le-Rotrou (St-Laurent)		
Nonvilliers-Grand-houx (sauf la section de Grandhoux qui n'est pas de la province du Perche)	472	Thiron
Nully (ancien nom de Neuilly)	....	
Origny-le-Butin	218	Bellême
Origny-le-Roux	504	Bellême
Parfondeval	195	Pervenchères
le Pas-St-Lhomer	220	Longny
la Perrière	672	Pervenchères
Pervenchères	....	Pervenchères
Pierrefitte (anc. nom de St-Jean-P)	....	Nogent
Pigeon (ancien nom de St-Hilaire-lez-M.)	....	Mortagne
le Pin-la-Garenne	848	Pervenchères
la Poterie-au-Perche	160	Tourouvre
Pouvrai	279	Bellême
Préaux	1088	Nocé
Prépotin	214	Tourouvre
Préval (jadis : Gâtineau) en partie	....	la Ferté-Bernard
Randonnai	614	Tourouvre
Regmalart	1616	Regmalart
Réveillon	582	Mortagne
Riveray (p. et c. réunies à Condé)	....	Regmalart
la Rouge	608	le Theil
St-Agnan-sur-Erre	387	le Theil
St-Aubin-de-Courteraie	324	Basoches-s.-H.
St-Aubin-des-Grois	172	Nocé
St-Cierge (ancienne forme de St-Serge)	....	Nogent
St-Cosme-de-Ver (en partie)	....	Mamers
St-Cyr-la-Rosière	840	Nocé
St-Denis-d'Authou-St-Hilaire	868	Thiron
St-Denis-des-Coudrais (en partie)	....	Tuffé
St-Denis-sur-Huine (p. réunie à Réveillon)	....	Mortagne
Ste-Céronne-lez-Mortagne	450	Basoches-s-H.
Ste-Gauburge-de-la-Coudre (p. et c. réunies à St-Cyr-la-Rosière)	....	Nocé
St-Eliph	777	la Loupe
St-Etienne-sur-Sarthe (p. et c. réunies à St-Aubin-de-Courteraie)	....	Basoches-s-H.
St-Fulgent-des-Ormes	470	Bellême
St-Germain-de-la-Coudre	1489	le Theil
St-Germain-de-Martigny	468	Basoches-s-H.
St-Germain-des-Grois	515	Regmalard
St-Hilaire-lez-Mortagne	760	Mortagne
St-Hilaire-des-Noyers		

NOTA. — On a mis en abrégé : p. pour paroisse, et c. pour commune.

COMMUNE	Popul. en 1896	CANTON
(p. et c. réunies à Corubert)..........	....	Nocé
St-Hilaire-des-Noyers (p. et c. réunies à St-Denis-d'Authou) .	....	Thiron
St-Hilaire-de-Soisay (p. et c. réunies à la Perrière)........	....	Pervenchères
St-Hilaire-sur-Erre ..	628	le Theil
St-Jean-de-la-Forêt...	345	Nocé
St-Jean-des-Echelles (en partie).	....	Montmirail
St-Jean-des-Meurgers (p. et c. réunies à Meaucé).	....	la Loupe
St-Jean-Pierrefitte....	224	Nogent
St-Jouin-de-Blavou...	632	Pervenchères
St-Julien-sur-Sarthe..	1003	Pervenchères
St-Langis-lez-Mortagne........	522	Mortagne
St-Marc (p. et c. réunies à Vichères). ...	....	Nogent
St-Mard-de-Coulonges (p. et c. réunies à St-Ouen-de-Sécherouvre).	....	Basoches-s-H.
St-Mard-de-Réno	920	Mortagne
St-Martin-du-Douet (p. et c. réunies à Dame-Marie).......	....	Bellême
St-Martin-des-Péserits	230	Moulins-la-M.
St-Martin-du-Vieux-Bellême	820	Bellême
St-Maurice-s-Huine ..	280	Nocé
St-Ouen-de-la-Cour ..	150	Bellême
St-Ouen-de-Sécherouvre	396	Basoches-s-H.
St-Pierre-la-Bruyère .	314	Nocé
St-Quentin-de-Blavou	195	Pervenchères
St-Quentin-le-Petit (p. et c. réunies à Nocé)............	....	Nocé
St-Sulpice-de-Nully (p. et c. réunies à St-Hilaire-lez-Mortagne)..............	...	Mortagne
St-Victor-de-Buthon..	853	la Loupe
St-Serge (p. et c. réunies à Trizay, 1835)	....	Nogent
St-Victor-de-Réno ...	500	Longny
Serigny	400	Bellême
Soisay (voyez : St-Hilaire).............	....	Pervenchères
Soligny-la-Trappe ...	935	Basoches-s-H.
Souancé.............	875	Nogent
Suré	514	Pervenchères
le Theil	1075	le Theil
Théligny (en partie)..	....	la Ferté-Bernar
Théval (p. réunie à Mortagne, c. réunie à St-Langis)........	....	Mortagne
Tourouvre.	1660	Tourouvre
Trizay-Coutretot-St-Serge.............	502	Nogent
Vaunoise	273	Bellême
Vaupillon (psse au XIIIe s., annexée à St-Eliph aux XVIe, XVIIe et XVIIIe s.) ...	....	la Loupe
la Ventrouze	137	Tourouvre
Verrières.	785	Nocé
Vichères.............	622	Nogent
Viday	144	Pervenchères
Villiers-sous-Mortagne	474	Mortagne

NOTA. — On a mis en abrégé : p. pour paroisse, et c. pour commune.

TABLE ALPHABÉTIQUE

AVEC IDENTIFICATIONS

Des noms de personnes et de lieux contenus
dans la Géographie du Perche
et dans les Chartes servant de preuves à ce travail
et formant le Cartulaire de la province du Perche

Nota. — Les chiffres précédés de II renvoient aux pages des
Chartes, les autres renvoient au texte de la *Géographie du
Perche*.

Chambre des Comptes, II.162,163. — *Château,* 100. — *Châtellenie,* 80; II, 223. — *Comté,* 78, 80, 82, 84, 85; II, 38, 39, 48, 50 à 55, 65, 68, 70, 71, 75, 76, 101, 103, 105, 120, 124. — *Duché* [pairie érigée en 1414], 89 à 93, 132, 172 *ter* et 172 *quater*; II, 124, 128, 133, 138, 141, 144, 151, 156, 159, 161 à 163, 171, 223 à 230. — *Duché,* composition en 1564; II, 223. — *Échiquier,* 80. — *Élection,* 131, 172 *quater.* — *Gabelle,* 133; — *Généralité,* 132, 138, 140, 156, 167, 170. — *Grande maîtrise des Eaux et Forêts,* 134; — *Intendance,* 167; — *Maison d',* barons de Châteauneuf-en-Thimerais, 148; — *Prévôté,* 137. — *(Seigneurs d')* des maisons de France et de Montgommery : Alice ou Ele, voir Ele; Anne, fille de René, duc d'A., cte du Perche, ép. Guill. VII Paléologue, mis de Montferrat, † 1518; 74, 91, 149; II, 226 à 230; Arnoul, Arnulphus, fils de Guill. II Talvas, 5e sgr d'A. et de Bellême, † 1148; 30, 98, 101; Catherine, fille de Pierre II le Noble, cte d'A. et du Perche, ép. 1o Pierre de Navarre, 2o Louis de Bavière, 74, 89; Catherine, fille de Jean II, cte du Perche et duc d'A., ép. Guy XV, cte de Laval, † 1505, 74, 87; Ele ou Alice, dame de Montgommery et du Sonnois, fille de Jean Ier, cte d'A., ép. Hugues II de Châtellerault, 60, 61, 66, 105; II, 11; Ele, dame d'Almenesches, fille de Jean Ier, cte d'A., ép. Robert Tesson, 60, 61, 70, 105; II, 13, 22; Françoise, fille de René, ép. 1o Franç. II d'Orléans, duc de Longueville, 2o Charles de Bourbon, duc de Vendômois, † 1537; 74, 91, 149; II, 153; Guillaume I, II, III, IV, sgrs d'A.. voir Bellême; Jean Ier, fils de Guill. III Talvas, cte d'A., sgr de Seez et du Sonnois, ép. Béatrice d'Anjou, † 1191; 60, 102, 105; Jean II, fils de Jean Ier, cte d'A., † 1191; 105; Jean III, fils de Robert III, cte d', ép Alice de Roye, † 1212; 105; Jean Ier de France, cte d'A. et du Perche, voir France et Perche; Jeanne de Joigny, cesse d'A. par son mariage avec Charles II, cte du Perche et d'A., † 1336, 74; II, 82; Mabile de Bellême, fille de Guill. II Talvas, 7e dame de Bellême et d'A., ép. Roger de Montgommery, † 1082; 19, 30, 39, 98, 101, 105, 144; Mahaut, fille de Robert III, ép. Thibaut VI, cte de Blois, 105; Marie, fille de Pierre II, cte d'A. et du Perche, ép. en 1380 Jean VII, cte de Harcourt, 74; Marie d'Espagne, cesse d'A. par son mariage avec Charles II, cte d'A., en 1336, voir Espagne; Philippe, fils de Charles II, cardinal, év. de la Sabine et d'Ostie, év. et pair de Beauvais, archev. de Rouen, patriarche de Jérusalem, † 1397; 74, 84; II, 100 à 103; Philippe, fille de Jean Ier, ép. 1o Robert Malet, 2o G. de Roumare, 60, 61, 105; Pierre Ier et II de France, ctes d'A. et du Perche, voir France et Perche; Robert Ier et II, sgrs d'A. et de Bellême, voir Bellême; Robert III, cte d'A., fils de Jean Ier, ép. 1o Mahaut, 2o Jeanne de la Guerche, 3o Emme de Laval, † 1217, tabl. 44, 61, 66, 105, 172 *bis*; II, 11; Robert IV, cte d', fils de Robert III, † vers 1229, 105; Roger de Montgommery, sgr d'Alençon par son mariage avec Mabile, dame d'A. et Bellême, voir Montgommery; Yves, sgr d'A., év. de Seez, voir Bellême; Yves de Creil, 1er sgr d'A. et Bellême, voir Bellême. — *(Ducs d')*, Charles Ier, II, III, IV, de France, voir France et Perche : François II, III de France, voir France et Perche; Jean II de France, voir France et Perche; René de France, voir France et Perche. — *Duchesse d',* Marguerite de Lorraine, femme de René, voir Lorraine. — *Seigneurie,* 101. — *Vicomté,* II, 151, 156.— *Vicomte d',* en 1312, Robert Guosseaume, 122. — *Ville,* 20, 79, 88; II, 38, 39, 120.

Alençon-en-Cotentin, alias en Constentin [châtie dépendant d'Alençon, vicomté au bailliage de Valognes, chef-lieu : Montaigu-la-Brisette, cant. et arrond. de Valognes, Manche], II, 151, 156, 223.

Alexandre III, pape, 1159-1181, 12.

Alice ou Ele, ... d'Alençon, ... de Champagne, ... de Châteaudun, ... de France, ... de Fréteval, .. de Roye, voir ces noms et Alix.

Aliéné (Petrus), II, 239.

Aliot, Jehannot, Jehan, II, 251.

Alix ... de Châteaugontier, ... de Bretagne, ... de Roucy, voir ces noms.

Alixandre, chambrier de l'év. de Chartres, II, 251.

74, II. 126; Wulgrain ou Wul-
grin II, fils de Guill. Taillefer, ép.
Ponce de la Marche, † 1140, 105.
— *Duchesse d'*, Louise de Savoie,
ép. Charles d'Orléans, cte d'Ang.,
† 1532, II, 159. — *Famille d'*,
Marguerite, fille de Jean le Bon,
23e cesse du Perche, † 1549, voir
France et Perche.
Anguerant (d') Jean IV, év. de Char-
tres, 1360-1368, II, 251.
Anguien, voir Enghien.
Anjou, *Andegavia* [prov. de France].
— *Comté*, 77, 82, 143; II, 19, 27,
29 à 31, 54, 64, 70, 75, 76. —
(Comtes d') : Charles II le Boiteux, roi de Naples et de Jérusalem, cte du Maine, fils de Ch. Ier,
† 1309, ép. Marie de Hongrie, 81,
II, 247, 249, 255, 256; Foulques III
Nerra, fils de Geoffroy Grisegonelle, † 1040, ép. Elisabeth de
Vendôme, puis Hildegarde, 98;
Geoffroy Grisegonelle fils de Foulques II, ép. Mahaut de Châteaudun, † 987, 28, 36, tabl. 44; Geoffroy II Martel fils de Foulques III,
ép. Agnès de Bourgogne, † 1060,
40; Geoffroy V Plantagenet, plus
tard duc de Normandie, fils de
Foulques V, † 1151, 50, 51; Jean
Tristan de France, voir France. —
Domaine, II, 183, 271. — *Duché*,
[érigé en 1297], 93; II, 146, 152,
164, 180, 269. — *(Duchesses d')* :
Louise de Savoie, voir Savoie. —
(Ducs d') : François III, — Hercules
de France, cte du Perche, voir
France et Perche; Henri de France,
fils de H. II, voir France. — *(Famille des comtes d')* : Béatrice, fille
de Hélie, ép. vers 1100 Jean de
Montgommery, 60, 61; Charles III,
cte du Maine, sgr des Cinq-Baronnies, fils de Louis II, ép. Isabelle
de Luxembourg, † 1472, 159;
Charles, cte du Maine, fils de Ch. III,
† 1461, 159; Charles IV, cte du
Perche et du Maine, duc d'Alençon,
sgr de Nogent-le-Rotrou et des
Cinq-Baronnies, fils de René, voir
France et Perche; Hélie, cte du
Maine, frère de Geoffroy V, ép.
Philippe du Perche, 50, 58, 60,
tabl. 44; Louise, fille de Charles,
cte du Maine, ép. en 1462 Jacques
d'Armagnac, 159; II, 255; Marguerite, fille de Charles II, reine de
Sicile, dame des Cinq-Baronnies,
ép. Charles de Valois, 12e cte du
Perche, † 1299, 74, 81, 97, 162;

II, 49, 50, 51, 248 à 250. — *Fief
du comte d'*, II, 259. — *(Maison
d')*, sa succession, II, 258. — *Sé-
néchaux d'*, en 1226, 61; II, 12,
13; Amaury de Craon, voir Craon;
en 1483, le sgr de la Gratuze, II,
140.
Anne d'Alençon, d'Autriche, voir ces
noms.
Anne, dame de la Salle, II, 211.
Anobertus, 18.
Anselme (de Père), (Pierre de Gui-
bours, Augustin, généalogiste,
† 1694], 78, 79, 148, 172 ter; II,
128, 130, 132, 161, 171, 270.
Anthenaise [actuell. La Chapelle-An-
thenaise, cant. d'Argentré, arr. de
Laval, Mayenne, Maine], — le sgr d',
II, 96.
Antioche [Turquie d'Asie], 48, 105.
Antioche (Jean d'), écr, sgr d'une
dîme à Brou, ép. Agnès du Plessis,
II, 249.
Antoin (Henri d'), chr, II, 253.
Antoine de Bourgogne, le grand Bâtard de B., II, 140. Voir : Bourgogne.
Appenay-sous-Bellême [cant. de Bellême, arr. de Mortagne, Orne,
châtie de Bellême, Perche], 128,
141. — Saint-Germain-d', jadis du
doyenné de Bellême, 112.
Aragon, Espagne, — *(Roi d')*, Al-
phonse le Batailleur et roi de Navarre et de Castille, fils de Sanche Ier, † 1134, 48. — *Isabelle d'*,
ép. Philippe III le Hardi, roi de
France, † 1271, 74.
Arbois de Jubainville (d'), Marie-
Henri, archiviste et historien français, né à Nancy, en 1827; II, 9,
12, 13, 16.
Arcci (Garin d'), év. de Chartres,
1370-1376; II, 197, 252, 253.
Arcis-sur-Aube [Aube], sgr en 1030
Hildoin IV de Montdidier, 46.
Arcisioe, voir Arcisses.
Arcisses, Arcisiae [anc. abbe de Bé-
nédictines, en Brunelles, cant. et
arr. de Nogent-le-Rotrou, Eure-et-
Loir, Perche], II, 19, 88.
Ardelles [châtie et cant. de Château-
neuf, Eure-et-Loir, Thimerais], 154.
Arengarde, ép. 1o Aldebert IV de
Montgommery, cte de la Marche,
2o Châlon de Pons, 105.
Areville (fief mouvant de Nogent-le-
Rotrou), II, 20.
Argentan, *Argenthen* [Orne, Nor-
mandie]. — Sgr en 1191, 102
Robert II Talvas, voir Bellême. —

[aujourd'hui Aunay-sous-Crécy, cant. et arr. de Dreux, Eure-et-Loir, Thimerais], 153, 154.

Aumale, *Albemarle*, [cant. de l'arr. de Neufchâtel, Seine-Infre, Normandie] — *Comte d'*, 117. — *Comte d'*, en 1380, 74, voir Jean VII d'Harcourt, en 1208, 105. Voir Simon de Dammartin.

Aumenesches (Ela domina de), voir Alençon et Almenesches.

Aunay, voir *Aulney*.

Auneau (de), — Guy, chr en 1294. — La Dame, vassale de Montmirail; II, 239.

Aunel (Marguerite d'), dame de la Loupe, ép. Bureau de la Rivière; II, 264.

Anpaise de Châteaudun, tabl 44, voir Châteaudun.

Aurelia, Aurelianensis civitas, 27; II, 33, 34, voir Orléans

Aurilly (baron d'), en 1540; II, 161, voir Antoine de Bourbon.

Auriniacus : Origny-le-Butin, 18.

Autels-Saint-Eloi (les), [aujourd'hui les Autels-Villevillon, cant. d'Authon, arr. de Nogent-le-Rotrou, Eure-et-Loir, Perche-Gouet], 161.

Autels-Tubœuf (les), commune réunie à Beaumont-le-Chartif, nommée, depuis lors, Beaumont-les-Autels, cant. d'Authon, arr. de Nogent-le-Rotrou, Eure-et-Loir, châtie de Nogent-le-Rotrou, Perche], 128, table alph. — *N.-D. des*, jadis du doyenné du Perche, 114.

Autels-Villevillon (les), voir les Autels-St-Eloi.

Autheuil [cant. de Tourouvre, arr. de Mortagne, Orne, Châtie de Mortagne, Perche], 128, 142, table alph. — *Notre Dame d'*, jadis du doyenné de Brezolles, 115.

Authon, Autonius, [cant. de l'arr. de Nogent-le-Rotrou, Eure-et-Loir. L'une des 5 baronnies du Perche-Gouet], 142, 157, 159; II, 149, 236, 237, 249. — *Bonihomines de*, prieuré de l'Ordre de Grandmont; II, 237. — *Leprosi de*; II, 237. — Prior de; II, 237. — *Seigneur d'*; 159; II, 152 à 262.

Authou, Autou, Aulon (nemus ou boscum de), [ancien bois essarté, ayant donné son nom à la ferme du Bois d'Authou, en St-Denis-d'Authou, cant. de Thiron, arr. de Nogent-le-Rotrou, Eure-et-Loir, Perche]; I, 21, 91.

Autriche (maison d') Anne, ép.

Louis XIII, 74, 97; Marie-Thérèse, ép. Louis XIV, 74, 97.

Auvergne (dauphiné d'), [sgie dans la province de ce nom], — *Le comte dauphin d'*, en 1483 [Louis Ier de Bourbon-Montpensier]; II, 140.

Auvernay (Pierre d'), chr en 1335 et 1336; II, 87, 95.

Auvilliers (de sgr d') en 1391; II, 104, 107, voir de Tournebu.

Auxerre [Yonne, cap. de l'Auxerrois], le Cte d', avant 1223; II, 240, voir Hervé de Donzy.

Avallocium, Alluye, voir ce mot.

Avesgaut de Bellême, év. du Mans, (995-1035), 98, 100.

Avesnes, [Avesnes-le-Comte, cant. de l'arr. d'Arras, Pas-de-Calais, Artois] — Le sgr d', en 1282; II, 42, voir Pierre de France, Cte du Perche.

Avezé, [cant. de la Ferté-Bernard, arr. de Mamers, Sarthe, Châtie de Bellême, en partie du Maine et du Perche], 10, 21, 115, 128, 142, table alph.

Avit (Saint), *Sanctus Avitus*, év. de Vienne, sa vie, 8, 23.

Avre, rivière, affluent de l'Eure, source près de Tourouvre, 9, 21, 145, 146, 152, 153, 165; II, 120, 121.

Aydie (Odet d') bailly du Cotentin; II, 112.

Aymon de Château-du-Loir, 98, voir Château-du-Loir.

Azincourt, Agincourt [cant. du Parcq, arr. de St-Pol, Pas-de-Calais, Artois] bataille en 1415, où périt Jean IIe Sage, Cte d'Alençon et du Perche, 86; II, 125.

B

Babiot (Guillelmus); II, 20.

Babou de la Bourdaisière, famille, bons d'Alluye, 160.

Badouilier (de); II, 127.

Baigis (Jehan), vassal de Nogent; II, 89.

Baille (Regnoult de), vassal de Nogent; II, 89.

Bailler (Jehan); II, 127.

Baillou, [com. du cant. de Mondoubleau, arr. de Vendôme, Loir-et-Cher, Vendômois], 11.

Balaum, voir Ballon.

Balle; II, 20.

Ballon, [Balaum, arr. du Mans, Sarthe, Maine], 39, 98.

Ballu (Petrus), vassal de l'évêché de Chartres; II, 210, 272.

Balu (Jehan); II, 212.

(1) Notre texte porte « comtesse » et non « duchesse », mais c'est évidemment une erreur,
les s^{gr} de Bar qui possédaient Nogent portant alors le titre de ducs et non de comtes.

Beauche [cant. de Brezolles, arr. de Dreux, Eure-et-Loir, Thimerais], chât⁰ de la Ferté-Vidame, 155.

Beaucourt (le marquis du Fresne de), historien de Charles VII, 88.

Beaudoin I, empereur de Constantinople — Beaudouin de Hainaut, c⁰ de Flandres, † 1206, 28, 54.

Beaufort [Bellus fortis, Beaufort-en-Vallée, cant. de l'arr. de Baugé, Maine-et-Loire, Anjou]; II, 14, 33.

Beaufort (Félicité de), ép. en 1191 Hugues de Réthel, 57.

Beaugency (Boisgency), — Jean d'Orléans, sg⁰ de, en 1525; II, 209.

Beaulieu [cant. de Tourouvre, arr. de Mortagne, Orne, Normandie], 155. — *Beaulieu* (?), dame de, en 1759, Marie-Louise de Laval-Montmorency; II, 232, 233.

Beaumanoir (famille de), Barons de Brou, 160.

Beaumont (de) — Jean, éc⁰, sg⁰ de Marchainville et de la Loupe en 1316; II, 211; N. ép. Guill. II, Talvas, sg⁰ de Bellême, 98; Robert; II 21; Rotrou; II, 236; Colin; II, 238, 239; Jean, éc⁰; 236. Voir Moreau.

Beaumont-le-Chartif, [B.-les-Autels, depuis sa réunion aux Autels-Tuboeuf, cant. d'Authon, arr. de Nogent-le-Rotrou, Eure-et-Loir, Perche], chât⁰ de Nogent. *Notre-Dame de*, doyenné du Perche, 114, 128, 142, table alph.

Beaumont-le-Roger, [B.-le-Rogier, cant. de l'arr. de Bernay, Eure, Normandie]; II, 136. — *(Famille de)*, Henri, sg⁰ du Neubourg, c⁰ de Warwich, ép. Marg. du Perche, 46, 50, table, 44.

Beaumont-les-Autels, voir Beaumont-le-Chartif.

Beaumont-sur-Oise, [Bellum mons, super Ysaram, cant. de L'Isle-Adam, arr. de Pontoise, Oise]; II, 43.

Beaumont-sur-Sarthe ou B.-le-Vicomte [cant. de l'arr. de Mamers, Sarthe, Maine]; II, 105, 140, 144, Vicomté de; II, 152. — *Vic⁰⁰ de*: Jean I le Sage, 17⁰ c⁰ du Perche, v. France et Perche; Jean II, le Beau, 18⁰ c⁰ du Perche, voir France et Perche; Pierre II, le Noble, 16⁰ c⁰ du Perche, voir France et Perche; Raoul, fils de Richard I, 60, 61, 66, 71; II, 23, 26; Richard I⁰⁰, ép. Lucie de Laigle, 60; le vicomte en 1226; II, 11; le vicomte en 1231; II, 22; —

Vic⁰⁰⁰ de, Marg. de Lorraine, voir Lorraine; Marie Chamaillart, voir Chamaillart. — *Famille de :* Guillaume, fils de Richard I⁰⁰, év. d'Angers, 1202-1240, 60, 61, 71.

Beaurepaire (Pierre de); II, 22.

Beaurevoir (de), sg⁰ en 1540; II, 161, voir Bourbon, Antoine de. — Dame en 1505: II, 148, Marie de Luxembourg.

Beaussard, [aujourd'hui Boussart, sg⁰⁰ et chât⁰, en Senonches, arr. de Dreux, Eure-et-Loir, Thimerais], 147, 151, 153; II, 232. — *Sg⁰ de*: Gauvain de Dreux, 147; Richard de la Roche et sa femme, Eléonore de Châteauneuf, 147.

Beauvais [Oise, cap. du Beauvaisis], évêque et pair en 1359: Philippe II d'Alençon, 84.

Beauvillier (Jean de), sire de la Motte en 1369; II, 242.

Beauvilliers (de) Duc : Paul-Louis, pair de France, c⁰⁰ de Buzançois, m⁰⁰ de Montrésor; II, 175, 186. — *Duchesse en 1760 :* Charlotte-Suzanne Desnos; II, 175.

Beauvoir, le sg⁰ en 1461; II, 127.

Beauvoisis ou *Beauvaisis* [province de France, cap. Beauvais]; II, 165.

Bedfort [alias Bethfort, duché d'Angleterre]; II, 118. — Duc de, 87.

Belhomer alias *Bellomer* (cant. de la Loupe, arr. de Nogent-le-Rotrou, Eure-et-Loir, chât⁰ de Châteauneuf-en-Thimerais) tab. 44, 13, 16, 25, 145, 154; II, 216. — *Prieuré* dép⁰⁰ de Fontevrault, tab. 44.

Belin (Jean); II. 89.

Belismensis pagus. Bellêmois, 19.

Bellavilliers [cant. de Pervenchères, arr. de Mortagne, Orne, Perche]. *Notre-Dame de*, chât⁰ et doyenné de la Perrière, 113, 128, 141.

Bellée; II, 22.

Bellefourrière, messire Pierre (de), sg⁰ du lieu en 1514; II, 154.

Bellême [Bellismus, Belysmus cant. de l'arr. de Mortagne, Orne, Perche]. Archidiaconé, 18, 19, 111, 114, 115, 117. — *Bailliage*; 123, 130. — *Bailivie recepta* anno 1238; II, 32. — Bailly, en 1227; Mathieu de Coismes, 121. — *Canton*, 141. — *Château*, 49, 51, 54, 62, 72, 73, 76, 77, 81, 88, 100, 136; II, 24, 27, 29 à 31, 37, 81, 104, 107. — *Chatellenie*, 10, 71, 81, 83, 86, 148, 121, 128, 130, 141; II, 6, 81, 162, 223. — *Comté*; II, 174, 175, 186. — *Doyenné*, 18,

55, 111, 112. — *Eaux-et-Forêts*, maîtrise dépt de la Grande-Maîtrise d'Alençon, 134. — *Forêt*, 10, 66, 95, 96, 122, 134; II, 32, 34, 55, 65, 81, 82, 177. — *Garnison* en 1617, 136. — *Gouvernement militaire*, dépt du Mans, 136; — *Gouverneur* du château en 1617, René de Fontenay, écr, 136. — *Grenier à sel*, 133. — *Mouvance* : 102, 103, 104. — *Prévoté* [*praepositura*] : 65; II, 34. — *Saint-Pierre et Saint-Sauveur de* : 112. — *Seigneurie* : 35, 47, 48, 180, 101; II, 154. — *(Seigneurs de)* : 6, 19, 30, 98, 99, 105; Arnoul, Arnulphus, 5e seigr de B. et d'Alençon, fils de Guillaume II Talvas, † 1048; 30, 98, 101, 172 *ter*; Guillaume Ier, 2e sgr de B. et d'Alençon, bon du Sonnois, fils d'Yves de Creil, ép. Mahaut, † 1028; 20, 39, 98, 100, 102; Guillaume II Talvas, 4e sgr de Bellême et d'Alençon, fils de Guill. Ier, ép. 1o Hildebourge, 2o N. de Beaumont, † 1050; 30, 98, 101, 172 *bis*; Guillaume III Talvas, 9e sgr de B., sgr d'Alençon, cte de Ponthieu, fils de Robert II Talvas, ép. Helle de Bourgogne, † 1172; 102, 105; Guillaume IV, sgr de Bellême, d'Alençon et de la Roche-Mabile, †1203; 105; II, 7; Mabile, 7e dame de B. et d'Alençon, fille de Guill. II Talvas, ép. Roger de Montgommery, † 1082; 19, 30, 39, 98, 101, 105, 144; Robert, 3e sgr de B. et d'Alençon, fils de Guill. Ier, † 1033; 30, 39, 46, 98, 101, 119; Robert II Talvas, 8e sgr de B., sgr d'Alençon, Argentan, Sées, cte de Shrewsbury et d'Arundell, fils de Roger de Montgommery, ép. Agnès de Ponthieu, † 1114; 20, 30, 39, 101, 102, 103, 105; Roger de Montgommery, sgr de B. comme ayant ép. Mabile de B., vte d'Exmes, cte de Shrospshire et d'Arundell, bon du Sonnois, fils de Hugues de Montgommery, † 1094; 19, 30, 98, 101 à 105, 144; Rotrou III, le Grand, 10e sgr et 2e cte du Perche, 172 bis, v. Perche; Yves de Creil, Ier sgr, maître des arbalétriers de Louis d'Outremer, ép. Godehilde, † 997; 19, 20, 21, 30, 38, 98, 99, 100; Yves, 6e sgr, év. de Sées, fils de Guillaume Ier, † 1070; 30, 39, 98, 101. — *(Maison de et de Montgommery-Bellême)*: Adèle, fille de Guill. III, ép. Juhel Ier de Mayenne, 105; Avesgaut, év. du Mans, fils d'Yves de Creil, † 1035, 98, 100; Foulques, fils de Guill. Ier, † vers 1000; 98; Godehilde, fille d'Yves de Creil, 98; Guérin, sgr de Domfront, fils de Guill. Ier, tabl. 44; 30, 39, 40, 60, 98, 101; Guy, cte de Ponthieu, fils de Guill. III, † 1147; 102, 105; Helle, fille de Guill. III, ép. 1o Guill. de Warren, 2o Patrick d'Evreux, 105; Hildeburge, fille d'Yves de Creil, ép. Aymon de Château-du-Loir, 98; Jean Ier, cte d'Alençon, sgr de Sées et du Sonnois, fils de Guill. III, ép. Béatrice d'Anjou, † 1191; 60, 102, 105; Mabile, fille de Roger de Montgommery-Bellême, ép. Hugues de Châteauneuf, 105, 144, 145; II, 217; Mabile, fille de Robert II, 105; Mahaut, fille de Roger de Montgommery-Bellême, ép. Robert, cte de Mortain, 105; Philippe le Grammairien, fils de Roger de Montgommery-Bellême, † 1096; 105; Philippe, fils de Guillaume III, 105; Renaut, fils de Yves de Bellême, Ier sgr de Château-Gontier, par sa femme Béatrice, † 1067; 98; Robert, fils de Guill. II, † vers 1035; 98; Sigefroid, frère d'Yves de Creil, év. du Mans, † 995; 98; Yves, fils d'Yves de Creil, 98. — *Territoire*, 120; II, 48, 55. — *Vicomté*, 123. — *Ville*, 46, 49, 63, 65, 78, 82, 95, 99, 102, 119, 121, 132; II, 13, 14, 38, 39, 50, 65.

Bellêmois [*Bellesmeus, Bellismensis pagus*], pays de Bellême, 19, 20, 54, 64, 65, 76, 99, 119; II, 19.

Bel l'oel, étang à Marchainville; II, 200, 211.

Bellomer, voir Belhomer.

Bellot (Thenot); II, 90.

Bellou sur-Huisne [cant. de Rémalard, arr. de Mortagne, Orne, Perche], St-Paterne de, doy. et châtie de Bellême, 112, 128, 141.

Bellou-le-Trichard [cant. du Theil, arr. de Mortagne, Orne, Perche], châtie de Bellême, Notre-Dame de, ancienn du diocèse du Mans, 19, 56, 89, 115, 128, 141; II, 84, 86, 93, 103, 156, ch. 83.

Bellum forte, voir Beaufort.

Benoit, trouvère du XIIe s., 28.

Berchères-l'Evêque [cant. et arr. de Chartres, Eure-et-Loir, pays Chartrain]; II, 191, 210, 247, 248.

Berchères (de) Hubert, Hubertus de

Berseriis; II, 218; Macé, Macetus de Bercheriis; II, 250.

Berd'huis [cant. de Nocé, arr. de Mortagne, Orne, Perche], châti⁰ et doy. de Bellême, St-Martin de, 19, 112, 128, 141.

Bérengère de Navarre, reine d'Angleterre, voir Navarre.

Bergerie (la), héberg⁰ commⁿᵉ de Nonvilliers (Eure-et-Loir); II, 90.

Bernard de la Marche, voir Marche.

Bernay [arr. du dép⁰ de l'Eure, Normandie], vicomté; II, 131, 136, 151, 156.

Bernier [commune réunie à Theuvy, Eure-et-Loir, Thimerais], 155.

Berno Normanus, 8.

Berolus, voir Berou.

Bérou la-Mulotière, Berolus [cant. de Brezolles, arr. de Dreux, Eure-et-Loir, sergenterie de Brezolles, Thimerais], 155; II, 249, 250.

Bérout de Boys-Guillaume, sᵉʳ de Courpotain; II, 83, 86

Berry, province de France, cap⁰ᵉ Bourges; II, 115. — *(Duc de)*: François III - Hercules de France, 27ᵉ c⁰ᵉ du Perche, voir France et Perche.

Berseriis (de), voir de Berchères.

Bertin; II, 187.

Bertoni Villaris, voir Bethonvilliers.

Bertonville (de), Guillaume; II, 89.

Bertrand, Jean II, card⁰ de Sens, garde des Sceaux; II, 164.

Besnard, Joseph, auteur de l'*Histoire religieuse de Mortagne*, 63.

Bethaire, Saint *(Sanctus Betharus)*, év. de Chartres, 8.

Bethfort, voir Bedfort.

Bethonvilliers [Bertoni-villaris, cant. d'Authon, arr. de Nogent-le-Rotrou, Eure-et-Loir, Perche], châti⁰ de Nogent, 25, 128, 142. — Saint-Martin de, jadis du doy. du Perche, 114.

Billoncelles, alias *Billancelles*, cant. de Courville, arr. de Chartres, Eure-et-Loir, Thimerais, 153, 155.

Binet, Jean, trésorier général en 1523; II, 158.

Bisail, Jean; II, 89.

Biseul, Guillaume; II, 90.

Bisou ou *Bizou* [cant. de Longny, arr. de Mortagne, Orne, Perche], châti⁰ de Mortagne, 128, 141. — St-Germain de, jadis du doy. de Brezolles, 115.

Bivilliers [cant. de Tourouvre, arr. de Mortagne, Orne, Perche], châti⁰

de Mortagne, 128, 142. — St-Pierre de, jadis du doy. de Corbon, 112.

Bizou, voir Bisou.

Blanchard (Guillaume), av⁰ au parlement de Paris, † 1724, auteur de la *Compilation des Ordonnances*, etc.; II, 161, 163, 169, 174, 270, 271.

Blanche — de Champagne, de Navarre — voir ces noms — de Castille, 7ᵉ c⁰ᵉˢˢᵉ du Perche, voir France et Perche.

Blanchefort (de) Jean; II, 140.

Blanche-Nef (naufrage de la), en 1120, 50.

Blancon; II, 64.

Blaton; II, 54.

Blaudy, dame en 1551, Jacqueline de Rohan; II, 203.

Blavette (Philippe de), bailly du Perche en 1514, 171 *quater*.

Blavou, château en St-Denis-sur-Huisne, 10. — *Combat*, 98. — *Forêt*, aujourd'hui détruite et s'étendant sur les communes de St Denis St-Jouin, St-Quentin, cantons de Pervenchères et Mortagne, Orne, 10.

Blenio (de), Robertus, archidiacre de Chartres en 1200; II, 208.

Blésois [Blesisum, Blaisois alias, province de France, cap⁰ᵉ Blois], 27.

Bleville (de), Guillaume, vassal de la Bazoche; II, 239.

Blévy [cant. de Châteauneuf-en-Thimerais, arr. de Dreux, Eure-et-Loir, Thimerais]. — *Terre*, 151, 153, 154; II, 233. — *Marquisat* de B. et Maillebois, érigé en 1621. — *Marquise* en 1624, Marie le Clerc de Lesseville, femme de Antoine le Camus, sᵉʳ de Jambville; II, 233. — *Marquis* en 1706, M. des Marets; II, 233.

Bloglie; II, 231, voir Broglie.

Blois [cap⁰ᵉ du Blésois, chef-lieu du Loir-et-Cher]. — *Comté* (Blensensis comitatus), 18, 71, 118; II, 88. — *(Comtes de)*: Eudes I, c⁰ᵉ de B. et de Chartres (Odo), fils de Thibault le Tricheur, ép. Berthe d'Arles, † 995; 36; Eudes II, c⁰ᵉ de B., de Chartres et de Champagne, fils d'Eudes I, ép. 1⁰ Mathilde de Normandie, 2⁰ Emengarde d'Auvergne, † 1037; 38; Henri-Etienne, c⁰ᵉ de B. et de Chartres, fils de Thibaut III, ép. Alix ou Adèle d'Angleterre, † 1102; 48; Hugues de Chatillon, fils de Gaucher, c⁰ᵉ de B. par sa 2ᵉ femme, Marie d'Avesnes, c⁰ᵉˢˢᵉ de

fils de Charles, duc de Vendomois, duc d'Estouteville par sa femme Marie de Bourbon, d^se d'Estouteville, † 1557; II, 163, 164; Jean VII, c^te de Vendôme, fils de Louis, ép. Isabelle de Beauvau, † 1478; II, 126, 127, 140; Louis, prince de Condé, plus tard comte de Soissons, fils de Charles, duc de Vendomois, ép. 1° Eléonore de Roye, 2° Françoise d'Orléans, † 1569; II, 163; Louis, bâtard de, fils de Charles I, c^te de Roussillon, amiral de France, † 1486; II, 140. — *Maison de*, sgr du Perche-Gouet, 159. — *(Sire de)*: Eudes ou Odet de Bourgogne, ayant ép. Math. de Bourbon, † 1268; 160; II, 214, 215.

Bourbon-Conti (de). Louis-Armand, fils de Armand, ép. Marie-Anne de Bourbon-Conti, fille légitimée de France, † 1685, seigr du Perche-Gouet, 159; Louis-Joseph, fils de Louis-François, 151; II, 180; Louise-Adélaïde, dame de Brezolles, d^lle de la Roche-sur-Yon, fille de François-Louis, 151; II, 233. — *(Dames de)*, Marie-Anne, d^lle de Blois, fille légitimée de France, veuve de Louis-Armand de B., † 1739; 159.

Bourbon-Montpensier, Louis I dit le Bon, c^te Dauphin d'Auvergne, duc de Montpensier, fils de Jean I de Bourbon, ép. Jeanne de Clermont, d^se de Montpensier, † 1486; II, 140, 230.

Bourbonnais (Province de France, cap^le Moulins], duché, pairie du Bourbonnais, cap^le Bourbon-l'Archambault; II, 165.

Bourderie (la), métairie en la chât^ie de Marchainville; II, 210, 272.

Bourdin, secrétaire des commandements en 1563; II, 230.

Bourdot de Richebourg, jurisconsulte (1685-1735); 154.

Bourgbourg [cant. de l'arr. de Dunkerque, Nord, Flandres], dame de en 1505; II, 148. Voir: Marie de Luxembourg. — Sgr en 1540: II, 162. Voir: Antoine de Bourbon.

Bourgdeaux. Voir: Bordeaux.

Bourge (le), Jehan; II, 91.

Bourges [Cher, cap^le du Berry]; — (Le sgr des Tonnelieux de), en 1540; II, 162. Voir Antoine de Bourbon; — L'archevêque en 1461, Jean III Cœur; II, 127.

Bourgneuf (le), au Theil; II, 20. Voir le Theil.

Bourgogne, Burgondia [Duché-Pairie et Province de France, cap^le Dijon]. — *Ducs de*: Charles le Téméraire, c^te de Charolais, fils de Philippe le Bon; II, 126; Eudes II (Odo), fils de Hugues II, ép. Marie de Champagne, † 1162; 49; Louis de France, fils de Louis, Grand Dauphin, † 1712; 74; Philippe le Bon, c^te de Charolais, † 1467; II, 126. — *Famille de*: Charles I, c^te de Nevers, † 1464; II, 126; Eudes, sgr de Bourbon (Odo, dominus Borbonii), c^te de Nevers, fils de Hugues IV, ép. Mahaut (Mathilde) de Bourbon, † 1269; 160; , 244, 245; Yolande, c^sse de Nevers, fille d'Eudes, ép. 1° Jean Tristan de France, 2° Robert de Dampierre; † 1280; 160; II, 245 à 247; le grand Bâtard de, Antoine de Bourgogne, fils de Philippe le Bon et de Jeanne de Prelle, c^te de Ste-Menehould, Grandpré, Guines, etc., ch^r de la Toison d'Or, né en 1421, légitimé en 1485, † 1504; II, 140. — *Maison de*, sgrs du Perche-Gouet, 159.

Bourguignons, roi des, Thierry II, 8; — Faction opposée aux Armagnacs XVe s.; 86.

Bournin, sgr de 1540; II, 162. Voir Antoine de Bourbon.

Bourre; II, 127.

Boursier (le), Jean, Général des finances en 1,458; II, 111.

Boussard [h. c^ne de Senonches, arr^t de Dreux, Eure-et-Loir, Thimerais], nom moderne de Beaussart.

Boussart (fief), [doit être détruit, car il n'est pas cité dans le dict. topog. d'Eure-et-Loir], sis à la Loupe, rel^t de l'évêché de Chartres; II, 263.

Boutaric, historien français, 79, 138, 147; II, 38, 45, 46.

Bouteinviller (heredes de); II, 236.

Boys-le-Comte de Saint-Alafre [comm^ne de Saint-Eliph, cant. de la Loupe, arr. de Nogent-le-Rotrou, Eure-et-Loir]; II, 91.

Boyssi (de), conseiller en 1483; II, 140. Voir Boissy

Brabant [Duché en Belgique]. — *Duc de*; II, 74; François III-Hercules de France, c^te du Perche. Voir France et Perche. — *Marie de*, ép. Philippe III le Hardi, roi de France, † 1321; 74, 97.

Braetel. Voir Brestel.

Braia; II, 14. Voir Braye-sur-Maulne.

Braiaum, 12. Voir Brou.
Braine ou Brène. Voir Braisne.
Braiolum; II, 235, 249. Voir Brou.
Braisne ou Braisne-sur-Vesle [cant. arr. de Soissons, Aisne, Soissonnais], comte de; Pierre de France-Dreux dit Pierre de Braine, ou Mauclerc, duc de Bretagne; II, 29.
Braye, rivière aff du Loir, source près de St-Bômer, 11, 166.
Braye-sur-Maulne [Braia, cant. de Château-la-Vallière, arr. de Tours, Indre-et-Loire, Anjou]; II, 14.
Bredin; II, 239.
Bréhardièré (la), [commune du Thimerais, châtie de la Ferté-Vidame, actuellt réunie à Dampierre-sur-Avre, cant. de Brezolles, arr. de Dreux, Eure-et-Loir], 155.
Bréhier Goufroy; II, 251.
Brémont (de), dominus, The docteur ès-lois; II, 253.
Bremses, 153.
Brène (Pierre de). Voir Braine.
Breneles (Barthélemy de); II, 21. Voir Brunelles.
Brenellis (de), Colin; II, 22. Voir Brunelles.
Bresolles. Voir Brezolles.
Bresolettes [cant. de Tourouvre, arr. de Mortagne, Orne, châtie de Mortagne, Perche], 9, 128, 141, 142. — St-Pierre de, jadis du doy. de Corbon, 112.
Evestel (Bractel), en Rouessé-Fontaine, canton de Saint-Paterne, arr. de Mamers, Sarthe, Maine]; le vicomte de, vassal de Montmirail; II, 240.
Bretagne [duché et province de France, caple Rennes], 103. — *Comté*, 117. — *Ducs de*: Alain Fergent ou le Roux, fils de Hoël III, ép. 1º Constance, fille de Guill. le Conquérant, 2º Emengarde, †1119; 45; Arthur III, cte de Richemont, fils de Jean IV, ép. 1º Marg. de Bourgogne, 2º Jeanne d'Albret, 3º Cath. de Luxembourg, †1458; 86; II, 120; François II, fils de Richard d'Etampes, ép. 1º Marg. de Bretagne, 2º Marg. de Foix, †1488, 97, 138; Jean Ier de Dreux, dit le Roux, sgr de Nogent-le-Rotrou et du Perche, fils de Pierre Mauclerc, ép. Blanche de Champagne, †1305; 69. 71, 72, 73, 77, 79, 147; II, 30 à 33, 267; Jean IV de Montfort ou le Vaillant, fils de Jean de Montfort, ép. 1º Marie d'Angleterre, 2º Jeanne Holland,

3º Jeanne de Navarre, †1399; 85; II, 95; Pierre, dit Mauclerc, cte de Dreux et de Richemont, plus tard Pierre de Braine, fils de Robert II, cte de Dreux, ép. 1º Alix de Thouars, 2º Marguerite de Montagu, †1250; 60, 62, 76, 77, 121; II, 13, 14, 18, 24, 28, 29. — *Famille de*: Alix, fille de Jean le Roux, ép. en 1264 Jean de Chatillon, 79, Jean, fils de Jean I; II, 267; Jeanne, fille d'Arthur II, dame de Nogent et de Cassel par son mariage avec Robert de Flandres, sgr de Cassel, 83; II, 87; Marie, fille de Jean IV, ép. en 1395 Jean I le Sage, cte du Perche, 74, 85, 86, 87; II, 95; Yolande, fille de Pierre Mauclerc, ép. Hugues XI de Lusignan, cte de la Marche; II, 13, 14.
Bretel, Robert, bailly de Chartres en 1330; II, 195. 196.
Breteuil (Breteil), [cant. de l'arr. d'Evreux, Eure, Normandie]; II, 84, 85. — *Comté*; II, 136. — *Sgr de* en 1050, Hilduin IV, cte de Montdidier, 46.
Bretigny [commune de Sours, cant. et arr. de Chartres, Eure-et-Loir, Pays Chartrain], traité en 1360, 84.
Bretoncelles (Bretoncellæ), [cant. de Regmalard, arr. de Mortagne, Orne, sergie Boullay, Perche], 70, 141, 128; II, 22; St-Pierre de, jadis doy. du Perche, 114.
Breulle, le sgr de en 1514; II, 155.
Brezé (de), Pierre, sgr de la Varenne, gd sénéchal de Normandie en 1458; II, 111.
Brezolles ou *Bresolles* [Brueroliæ, Bruerolensis castrum, cant. de l'arr. de Dreux, Eure-et-Loir, Thimerais], 25, 85, 144, 148, 147, 150, 170; II, 101, 217. 223, 227, 228, 230 à 233. — *Château*, 145, 148. — *Comté*, 151. — *St-Germain de*, 144. — *Dame de*; II, 233. Voir Louise de Bourbon-Conti. — *Seigneurs de*, 146, 148.
Briant (dom), bénédictin (1655-1716), 41.
Brie (le comte de) en 1238, Thibault III de Champagne; II, 267.
Brienne [cant. de l'arr. de Bar-sur-Aube, comté en Champagne, l'une des sept pairies de cette province] le comte en 1507 et 1509; II, 155, 271, 268. Voir Antoine de Luxembourg.
Brienne, manuscrits de, à la *Bibliothèque nationale*; II, 122, 258.

Burgondie, ... de Craon, ... de Pruillé ou Sablé; voir ces noms.

Burgondière (la, St-Etienne de [par⁵⁵ actuellt réunie à Mesnil-Thomas, cant. de Senonches, arr. de Dreux, Eure-et-Loir. Châtie de Château-neuf-en-Thimerais, élection de Ver-neuil, Thimerais]; 156.

Buriaco, Gaufridus de (Geoffroy de Buré, chr; II, 243; voir : Buré.

Buton (Guillaume de); II, 238; voir : St-Victor.

Butum, Buton; II, 20.

Buzançois ou Buzançais [cant. de l'arr. de Châteauroux, Indre, Berry], le comte de en 1768; II, 175; voir Paul-Louis, duc de Beau-villiers.

C

Caen [Calvados, Normandie]. — *Château*; II, 111. — *Généralité*: 132,

Gage (bois de), faisant partie du fief de Marchainville; II, 211.

Caigny (Jean de), lieutt du Vendô-mois en 1507; II, 148.

Calais [arr. du Pas-de-Calais. Capi-tale du Calésis ou Pays reconquis]; II, 114.

Calende, voir Corbonnais.

Calumnia boscum, en Marchainville; II, 208.

Calviniacum-in-Pertico, 11; voir Chauvigny.

Cambray (Guillaume de); II, 258. — *Etienne II de*, Roupy de Cambray, év. d'Agde 1448-1462; II, 127.

Campis (Hugo de); II, 36, 40.

Camus (Antoine le), sgr de Jambeville, prést au Parlt de Paris, ép. en 1575 Marie le Clerc de Lesseville; 151.

Caniel (Cany, Canyel, Cannyel, Ca-nier), [cant. de l'arr. d'Yvetot, Seine-Infre, Normandie, châtie dé-pendt du duché d'Alençon]; II, 131, 141, 151, 164, 223, 228, 229.

Capella, les Chapelles; II, 218.

Capranii Alfonsus, consr au Parlt en 1362; II, 252.

Capreolus Guarinus, Guérin Chevreuil ou le Chevrolais, sénéchal du Per-che; II, 21, 22.

Caprerius (Gart.), chanoine de Char-tres; II, 253.

Carentinum, Carentan [ville de l'arr. de St-Lô, Manche, Normandie], 27.

Carinthie [Autriche]. — *Famille de*: Mahaut, ép. en 1126 Thibaut-le-Grand, cte de Champagne; 51.

Carladez ou Carladès (le), [petit pays de la Haute-Auvergne, cap. Carlat, cant. de Vic-sur-Cère (jadis Vic-en-Carladès), arr. d'Aurillac, Can-tal]; II, 165.

Carnotis (de), Girardus, Girard de Chartres, cer; II, 250.

Carnutes (les), peuple gaulois (4e Lyonnaise), 5, 7, 8, 15, 111. — *Cité des*: 16. Voir Chartres.

Carleis, boscum des; II, 217.

Cassel [cant. de l'arr. d'Hazebrouck, Nord, Flandres]. — *Dame de*: 83; II, 87. Voir Jeanne de Bretagne. — *Sgr de* en 1402; II, 253, 254; voir Robert, duc de Bar.

Cassini, géographe, astronome du xviiie s.; 10.

Caslini (de), consr, me en la Chambre des Comptes en 1771; II, 183.

Castille (royaume et aujourd'hui pro-vince d'Espagne). — *(Rois)*: Al-phonse III, épouse Eléonore d'An-gleterre, 60, 62; Sanche III, ép. Blanche de Navarre, † 1035; 60. — *(Reine)*: Blanche de Navarre ayant ép. Sanche III de Castille, † 1158; 60. — *(Famille de)*: Blanche, fille d'Alphonse IX, reine de France, ayant ép. Louis VIII, roi de France, 7e esse du Perche; voir Perche: Sanche, reine de Na-varre ayant ép. Sanche VI, roi de Navarre; 60.

Castro (heredes de); II, 236.

Castrum Renaudi ou Renaldi; voir Châtellerault.

Castrum Novum; voir Châteauneuf-en-Thimerais.

Castrum Celsum; II, 15; voir Champ-toceaux.

Catherine ... d'Alençon, ... de Cour-thenay, ... de Médicis; voir ces noms.

Caudis (Gaufridus de); II, 20.

Caun (Thomas), anglais; 84.

Cauvin, géographe et historien man-ceau; 21, 133, 136, 137, 157.

Caux (Pays de), Seine-Intérieure, Nor-mandie (région physique); II, 114.

Cavarua, Caverue [métairie en Mai-son-Maugis, cant. de Regmalard, Orne, Perche]; II, 205, 206.

Cécile, ... ép. Guill. IV, cte d'Alen-çon, sgr de Bellême et de la Roche-Mabile; 105.

Cenomania, pagus Cenomanicus, pays des Cenomans, correspond à la province du Maine; 20, 33. Voir Maine.

Cenomans, peuple Gaulois; 15, 20, 111.

Cenomanensis comitatus; II, 29, 30, 41, 33. Voir Maine (comté).

Centegni (Philippe de); II, 21, 22.

César (Jules), empereur romain, 7.

Ceton (Séton, Ston), [cant. du Theil, arr. de Mortagne, Orne. Châtie de la province du Perche]. 18, 82, 83, 128, 141 ; II, 84, 86, 93, 103, 156, tabl. alph. — Château: 56, 85. — Châtellenie: 128, — St-Pierre de, diocèse du Mans: 115. — Dominus de Ceton ou Ceuton ; II, 240. — Girard de ; II, 41.

Ceuton (voir Ceton) dominus de ; II, 240.

Chabannes (Jacques de), sgr de la Palice, mal de France, ép. Marie de Melun, † 1525 ; II, 262.

Chabot (Girard), ép. Emmette de Châteaugontier : 98.

Chadone (de) Guillaume, rector de Saint-Jean de Aquis ; II, 262.

Chailloy [Chailloué, cant. de Sées, arr. d'Alençon, Orne. Normandie] le sire de, en 1330: Jean de Viexpont ; II, 195.

Chailly, en la prévôté de Paris ; II, 255, 257 ; [Chailly-en-Brie, cant. et arr. de Coulommiers, Seine-et-Marne. Brie].

Chainville [Cheenville, com. de Champrond-en-Perchet, cant. et arr. de Nogent-le-Rotrou, Eure-et-Loir], 69 ; II, 19, 24.

Chaise (la), autrefois la Chése, fief en Souancé ; II 21. Voir Chése.

Chaises (les) [ancienne par. réunie à Tremblay-le-Vicomte, puis détruite, cant. de Châteauneuf-en-Thimerais, arr. de Dreux, Eure-et-Loir. Thimerais] : 155.

Chalange, bois, châtie de Marchainville ; II, 211.

Chaligand ; II, 127.

Chalon de Pons, ép. Arengarde, vve d'Aldebert IV, cte de la Marche, 105.

Châlons-sur-Marne [Katalaunensis pagus. Marne. Champagne] — Obituaire de l'église, 59 ; — Evêques: Rotrou et Guill. du Perche, fils de Rotrou IV, tabl. 44. Voir Perche.

Chamaillart [Marie de] fille de Guill., vse de Beaumont-au-Maine, à cause de sa mère, ép. en 1371 Pierre II le Noble, 16e cte du Perche: 74, 85, 97. — Maison de, ben du Saonnois : 21.

Chamars (St-Martin de) [prieuré dépendant de Marmoutiers, près de Châteaudun, Eure-et-Loire. Dunois] cartulaire de: 29, 144.

Chambes (de) Jean, sgr de Monsoreau et de Longny en partie, à cause de sa femme Marie de Chateaubriand ; II, 201.

Chamblay (de) ou Chambly, Radulfus de Chambliaco, armiger ; II, 250.

Chambliaco, voir Chamblay et Chambly.

Chambly (de) — Guiard: 107, 108 ; II, 188. Raoul, II, 250.

Chambon, Jean ; II, 140, 258.

Chamborel, le sgr de, en 1527 ; II, 161.

Champagne [Province et Comté de France, capitale Troyes]. — Comté, 68. — Province, 65. — Comtes de, issus de la Maison de Blois : Eudes II, cte de Blois et de Chartres, fils d'Eudes Ier, ép. 1o Mahaut de Normandie, 2o Ermengarde d'Auvergne, † 1037, 38 ; Thibaut le Grand, cte de Blois, Chartres et Tours, fils d'Etienne de Blois, ép. Mahaut de Carinthie, † 1152, 29, 51, 68, 163 ; Thibaut III, fils de Henri Ier, ép. Blanche de Navarre, † 1201 ; 54, 60 ; II, 10, 13, 267 ; Thibaut IV, fils de Thibaut III, roi de Navarre en 1234, † 1253 ; 60, 65, 67, 69, 70, 71 ; II, 10, 19, 22 à 24, 28, 32. — Comtesse de, Blanche de Navarre ayant ép. Thibaut III, voir Navarre. — Maison de, Alice, fille de Thibaut le Grand, reine de France, ayant ép. Louis VIII, roi de France, † 1206 ; 62 ; Blanche, fille de Thibaut IV, ép. Jean le Roux, duc de Bretagne, † 1283, 69, 71, 73 ; II, 32, 267 ; Elisabeth, fille de Thibaut le Grand, ép. Guill. Gouet, 49 ; Etienne, cte de Sancerre, fils de Thibaut le Grand, sgr de la Loupe, † 1191, 163 ; Hubert, ép. Hersende de Châteaugontier, 98 ; Mahaut, fille de Thibaut le Grand, ép Rotrou IV, 3e cte du Perche, tabl. 44, 60, 97 ; II, 5 ; Marie, fille de Thibaut le Grand, ép. Eudes II, duc de Bourgogne, 49 ; Thibaut, fils de Thibaut le Grand, 49.

Champeaux (Jean de), vassal de Nogent ; II, 89.

Champeaux-sur-Sarthe [cant. de Bazoches, arr. de Mortagne, Orne, châtie de Mortagne, Perche], 128, 141. — Notre-Dame de, jadis du doyenné de Corbon, 112.

Champigneau (Guillaume), témoin à Brou en 1316 ; II, 251 ; Denis ; II, 195, 196.

Champigny [ancienne par. réunie à

Chêne-Chenu, cant. de Châteauneuf-en-Thimerais, arr. de Dreux, Eure-et-Loir. Thimerais], 155.

Champray (Hervé de), déchargé de la garde de Bellême en 1483 ; II, 140.

Champrond-en-Gâtine (Campus Rotundus [cant. de la Loupe, arr. de Nogent-le-Rotrou, Eure-et-Loir. Châtellenie du Thimerais] 82, 147 à 150, 155, 178 ; II, 55, 64, 75, 83, 86, 93, 156, 219 à 223. — *Forêt*, 17 ; II, 222. — Sʳ de en 1600 (J. de Vauloger), 150.

Champrond-en-Perchet [cant. et arr. de Nogent-le-Rotrou, Eure-et-Loir, châtie de Nogent, Perche], 37, 128, 142. — *St-Aubin de*, jadis du doyenné du Perche ; 114.

Champrond-sur-Braye [cant. de Montmirail, arr. de Mamers, Sarthe. Châtie de Ceton, Perche et Perche-Gouet], psse du dioc. du Mans ; 20, 115, 128, 142, 161.

Champrond (Michel de), lic. ès-lois ; II, 254.

Champs [cant. de Tourouvre, arr. de Mortagne, Orne, châtie de Mortagne, Perche], 128, 142. — *St-Evroult de*, jadis du doyenné de Corbon ; 112.

Champs (Mathieu des), év. de Chartres, 1246-1259 ; II, 244.

Champtoceau (Castrum Celsum) [cant. de l'arr. de Chollet, Maine-et-Loire. Anjou] ; II, 14.

Chanac (de) Guillaume III, évêque de Chartres, 1368-1369 ; II, 197, 263.

Champfroy, le sgr de, en 1506 ; Henri de Croy ; II, 206.

Changy (noble homme Siphorien de), secrétaire d'Ant. de Luxembourg ; II, 261, 268, 269.

Chantecoc [cant. de Courtenay, arr. de Montargis, Loiret. Gâtinais] ; II, 54, 64.

Chantemerle [cant. d'Esternay, arr. d'Epernay, Marne. Brie] ; II, 165.

Chanville, Colin de ; II, 22.

Chapelle-Fortin (la) [cant. de la Ferté-Vidame, arr. de Dreux, Eure-et-Loir, châtie de la Ferté. Thimerais] ; 155.

Chapelle-Gastineau (la), voir Préval ; 20.

Chapelle-Guillaume [cant. d'Authon, arr. de Nogent-le-Rotrou, Eure-et-Loir, Perche-Gouet] ; 161.

Chapelle-Montligeon (la) [cant. et arr. de Mortagne, Orne. Châtie de Mortagne, Perche] ; 128, 141. — *St-Pierre de*, jadis du doyenné de Corbon ; 112.

Chapelle-Royale (la) [cant. d'Authon, arr. de Nogent-le-Rotrou, Eure-et-Loir. Perche-Gouet] ; 161.

Chapelle-Saint-Rémi (la) [cant. de Tuffé, arr. de Mamers, Sarthe. Châtie de Ceton, Perche et Maine] ; 20, 128, 142 ; du diocèse du Mans ; 115.

Chapelle-Souëf (la) [cant. de Bellême, arr. de Mortagne, Orne. Châtie de Bellême, Perche] ; 129, 141. — *St-Pierre de*, jadis du doyenné de Bellême ; 112.

Chapelles (les), Capellæ ; II, 218.

Chapponvilliers [doit être Happonvilliers] Maladrerie ; 91.

Charbonnière [cant. d'Authon, arr. de Nogent-le-Rotrou, Eure-et-Loir. Perche-Gouet] ; 161.

Charencey [commne réunie à Saint-Maurice-lez-Charencey, cant. de Tourouvre, arr. de Mortagne, Orne ; châtie de la Ferté-Vidame, Thimerais], 155. — *Seigneurie* ; 73.

Charité (P. de la) ; II, 87.

Charlemagne, empereur d'Occident ; 25, 26.

Charles le Boiteux, cte d'Anjou... de Bourbon... Ch. I, II, III, IV, comtes du Perche. Voir ces mots.

Charles, II, III, IV, V, VI, VII, VIII, IX, rois de France. Voir France.

Charles de France, frère de Louis XI ; II, 126. Voir France.

Charles le Gros, régent, puis roi de France, empereur, 832-887 ; 157.

Charles (L. et R.), historiens de la Ferté-Bernard, 100 ; II, 11, 26.

Charlotte de Savoie. Voir Savoie.

Charmue (la) [le Charmois, fief en Souancé, cant. et arr. de Nogent-le-Rotrou ; Eure-et-Loir. Perche] ; II, 21.

Charnesses (Antoine de), sgr de Maingny ; II, 143.

Charolois, Charolais, le comte de, en 1471 ; II 126. Voir Bourgogne, Charles le Téméraire

Chartier (Jean), moine de St-Denis, frère d'Alain, historiographe de France, † 1462 ; II, 122.

Chartrage, léproserie, à Mortagne, Orne. Perche ; 120.

Chartrain (pays), Carnotensis, Carnotinus pagus, province de France, capitale Chartres ; 16, 18, 23, 25, 26, 31, 167 ; II, 255, 257.

Chartres, Carnutum [chef lieu du dépt d'Eure-et-Loir, caple du Pays Chartrain]. — *Abbaye de St-Jean-en-Vallée* ; 107 ; 187, 189, 194, 195. —

Chastel (François du), procr génal au baillage de..., en 1525 ; II, 202.

Chataigner, prieuré, dépt de Thiron, en Soisé, cant. d'Authon, arr. de Nogent-le-Rotrou ; Eure-et-Loir. Perche-Gouet ; 159.

Chataincourt [cant. de Brezolles, arr. de Dreux, Eure-et-Loir. Châtie de Chateauneuf, Thimerais] ; 154.

Châteaubriand (de), Charlotte, fille de René, dame de Longny en partie, ép. Henri de Croy, II, 201 ; Jean, chr, sgr de Longny, II, 199 ; Magdeleine, fille de René, dame de Longny en partie, ép. François, sgr de la Noë, II, 201 ; Marie, fille de René, dame de Longny en partie, ép. Jean de Chambes, sgr de Montsoreau, II, 201 ; René, fils de Théaude, bron de Longny, II, 200, 201 ; Théaude, sgr de Longny ; II, 200.

Château-du-Loir (Castellum Lidi), arr. de Saint-Calais, Sarthe, Maine) sgr de ; 158 ; Guil. II Gouet. — (*Maison de*) ; Aymon, ép. Hildebourge ; 98 ; Gervais, fils d'Aymon, év. du Mans, † 1035 ; 98.

Châteaudun (Castrum Dunum) [arr. d'Eure-et-Loir, Cap. du Dunois]. — *Comté* ; II, 28. — *Doyenné* de C. ou de Beauce ; 17. — *Maison de* (souche des comtes de Mortagne, du Perche et sgrs de Montfort-le-Rotrou), 42, 43, 71, 143. ; tabl. 44. — *Vicomté* ; 5, 30. — *Vicomtes de* ; Geoffroy Ier, 1er vte, ép. Hermengarde, † 963 ; 39, tabl. 44 ; Geoffroy III, 4e vte, fils de Geoffroy II, 4e vte sgr de Nogent-le-Rotrou, cte de Mortagne, ayant épousé Helvise de Mortagne, † avt 1041 ; 30, 37, 38, 40 à 43, tabl. 44 ; Geoffroy IV, fils de Hugues IV, 8e vte, ép. Heloise de Montdoubleau, † avt 1145 ; 11, tabl. 44 ; Geoffroy V, fils de Hugues V, 2e vte, ép. Alice de Fréteval, † 1215 ; 60, tabl. 44, 70, 172ter ; Geoffroy VI, fils de Geoffroy V, 12e vte, ép. Clémence des Roches, veuve de Thibault VI, cte de Blois ; tabl. 44, 60, 62, 66, 67, 69 ; II, 10, 11, 13, 23 ; Guérin de Domfront, prétendu vte, 39, 98, 101 ; Hugues Ier, 2e vte, fils de Geoffroy Ier, ép. Hildegarde de Blois, vve de Ernaud de la Ferté, † vers 989 ; 30, 37, 39, tabl. 44 ; Hugues II, fils de Hugues Ier, 3e vte, arch. de Tours, † 1023 ; 30, 37 à 39, tabl. 44 ; Hugues III, fils de Geoffroy III, 5e vte, ép. Adèle,

† 1040 ; 30 à 39, 41, 42 ; tabl. 44 ; Hugues IV, Capellus, fils de Rotrou II, 7e vte, ép. Agnès de Fréteval, † vers 1110 ; 30, 42 à 44, 60, tabl. 44 ; Hugues V, fils de Geoffroy IV, 9e vte, ép. Marguerite, † 1166 ; 60, tabl. 44 ; Hugues VI, fils de Hugues V, 10e vte, ép. Jeanne de la Guerche, † 1190 ; tabl. 44, 105, 172 bis ; Rotrou II, fils de Geoffroy III, 6e vte, cte de Mortagne, sgr de Nogent-le-Rotrou, ép. Adèle de Domfront, † vers 1079 ; tab. 44, 38 à 44, 55, 60, 62, 97, 99, 145. — (*Vicomtesses de*) en 1127 : Alice de Fréteval ayant ép. Geoffroy V, vte de C. ; tabl. 44, 60 ; 241, 242 ; Hildegarde de Blois, fille de Thibault Ier, cte de Blois, ayant ép. en 1008 Hugues Ier, vte de C. ; tabl. 44, 30, 37 ; Agnès, fille de Geoffroy V ; tabl. 44 ; Alice, dame de Fréteval, fille de Geoffroy V, ép. Hervé de Gallardon ; tabl. 44, 60, 62, 67, 70 ; II, 10, 13, 15, 16 ; Aupaise, fille de Geoffroy IV ; tabl. 44 ; Clémence, fille de Geoffroy VI, ép. Robert de Dreux ; tabl. 44 ; Eudes, fils de Hugues V ; tabl. 44 ; Foulques, Fulcois, fils de Rotrou II ; tabl 44, 52 ; Geoffroy II, fils de Hugues Ier, 2e sgr de Nogent-le-Rotrou ayant épousé Milesende, dame de Nogent-le-Rotrou, † avt 1005 ; 30, 37, 41, 43 ; tabl. 44 ; Geoffroy IV, 1er cte de Mortagne, tige et 1er cte du Perche, fils de Rotrou II, ép. Béatrice de Roucy, † 1100 ; tabl. 44, voir Perche ; Geoffroy, fils de Hugues VI, † 1184 ; tabl. 44 ; Guérin le Breton (Warinus Breto) fils de Rotrou II ; 43, 44 ; tabl. 44 ; Héloïse, fille de Geoffroy IV ; tabl. 44 ; Helvise, fille de Rotrou II ; 42 ; tabl. 44 ; Helvise, fille de Geoffroy II, ép. Hamelin ; tabl. 44 ; Helvise, fille de Hugues V ; tabl. 44 ; Hervé, fils de Geoffroy II, sgr de Gallardon, † 1040 ; tabl. 44 ; Hugues (Perticæ) ép. Milesende ; tabl. 44 ; Isabelle, fille de Geoffroy V ; tabl. 44 ; Jeanne, fille de Geoffroy V ; tabl. 44 ; Mahaut, fille de Hugues IV, ép. 1o Robert, vicomte de Blois, 2o Geoffroy Grisegonelle, cte de Vendôme ; tabl. 44 ; Milesende, fille de Hugues Ier ; 37, 39 nte 2 ; Payen, fils de Geoffroy IV ; tabl. 44 ; Payen, fils de Hugues V ; tabl. 44 ; Robert Maschefer ; 44, tabl. 44 ; Robert Mandeguerre, fils de Ro-

trou II ; 44 ; tabl. 44 ; Rotrou, fils de Rotrou II, tige et 1er sʳ de Montfort par sa femme. Lucie de Gennes, dame de Montfort, † vers 1130 ; tabl. 44, 42, 60.

Château-Gontier (Castrum Gonteri) [arr. de la Mayenne. Anjou]. — *Baronnie* ; II, 151. — *Ville* ; II, 11, 131, 140. — *(Seigneurs de)* issus de la maison de Bellême : Alard Iᵉʳ, fils de Renaut Iᵉʳ, ép. Isabelle de Mathefelon, † 1101 ; 98 ; Alart II, fils de Renaut IV, ép. 1º Mahaut, 2º Exilie, † 1123 ; 98 ; Alart III, fils de Renaut, ép. Emme de Vitré, † 1226 ; 60, 98 ; Jacques ou Jamet, sʳ de Ch. et de Nogent, fils de Alard III ép. Harvise de Montmorency, † avt 1263 ; 10, 60, 61, 63 à 67, 69, 71 à 73, 98 ; II, 11 à 19, 23, 24, 32, 37, 267 ; Renaut de Bellême, Iᵉʳ sʳ de Ch. par sa femme. Béatrice, nièce d'Foulques-Nerra, † 1067 ; 98 ; Renaut IV, fils de Alart Iᵉʳ, ép. Burgonde de Craon, † 1101 ; 98 ; Renaut III, fils de Alart Iᵉʳ ; tabl. 44, 52, 69, 73, 98 ; Renaut IV, fils de Renaut III, ép. Béatrice du Perche, † 1195 ; 98. — *(Dames de)* : Béatrice, nièce de Foulques Nerra. ép. Renaut Iᵉʳ de Bellême et lui donne Ch. vers 1037 ; 98 ; Emme ou Emmette, fille de Jacques, ép. 1º Geoffroy, sʳ de la Guerche et Pouancé, 2º Girart Chabot, † 1279 ; 72, 98. — *(Maison de)* issue de celle de Bellême : Alart, fils de Alart II, † jeune ; 98 ; Alice ou Alix, fille de Jacques, dame de Maison-Maugis, ép. Gilbert, chr, sʳ de Prulay ; 72, 98 ; Béatrice, fille de Renaut III, † 1195 ; 89 ; Geoffroy, fils de Renaut I ; 98 ; Geoffroy, fils de Renaut II, † 1096 ; 98 ; Geoffroy, fils de Alart II ; 98 ; Guillaume, fils de Renaut III, 1190 ; 98 ; Hersende, fille de Alart Iᵉʳ, ép. Hubert de Champagne : 98 ; Isabelle, fille de Alart Iᵉʳ, ép. Geoffroy de Durtal ; 98 ; Laurence, fille de Renaut II. ép Turpin ; 98 ; Philippe, fille de Jacques, dame de Hérouville ; 98, 172bis : Renaut, fils de Jacques, † jeune ; 98 ; Renaut, fils de Renaut Iᵉʳ, Iᵉʳ sʳ de Château-Renaut ; 98.

Château - Josselin, aujourd'hui Josselin [cant. de l'arr. de Ploërmel, Morbihan. Bretagne] ; 84 ; II, 100.

Château-Landon [cant. de l'arr. de

Fontainebleau, Seine-et-Marne. Gâtinais]. Geoffroy, cte de, ép. Milesende ; tabl. 44.

Châteauneuf sur - Loire (Castrum Novum), [cant. de l'arr. d'Orléans, Orléanais] ; II, 33, 34.

Châteauneuf-en-Thimerais (Castrum novum. Chastiauneuf-en-Timerois), [cant. de l'arr. de Dreux, Eure-et-Loir, cap. du Thimerais]. — *Bailliage* : 154, 156. — *Baillis* : en 1317, Pierre Gygnet ; 154 ; en 1481, Vastin de Huval ; 122 ; en 1517, René de Ligneris ; II, 222. — *Baronnie* ; 5, 35, 91, 92, 143 à 150 ; II, 93, 151, 156, 161, 162, 221 à 233. — *Baronnie - pairie* ; 148. — *Châtellenie* ; 147, 148, 154, 156 ; II, 46, 47, 48, 50, 51, 223, 233. — *Grands jours* ; 154. — *Maison et seigneurs de*, Albert (Abertus), fils de Ribaud ; 143, 144 ; Éléonore, fille de Hugues IV, ép. Richard de la Roche ; 146, 147 ; Frodeline, fille de Ribaud ; 144 ; Galeran (Galeranus), fils de Hugues II ; II, 217, Gaston (Guazo, Gastho de Novo Castro, Wasko), frère d'Albert, bâtit le château de Thimer ; 29, 118, 144, 145 ; Gaston, fils de Gaston ; 144 ; Gervais (Gervasius de Castello) fils de Hugues III ; 54, 144, 145 ; Hervé, fils de Gervais, sʳ de Brezolles. ép. Alix de la Ferté-Ernaud ; 146 ; Hervé de Léon, sʳ de Ch. par son mariage avec Marguerite de Ch ; 147 ; Hervé de Léon, fils du précédent : 147 ; Hugues I. Hugo, fils de Gaston, ép. Mabile de Montgommery-Bellême : 105, 144, 145 ; Hugues II, fils de Hugues Iᵉʳ, ép. Amberida ; 145 ; II, 216, 217 ; Hugues III, fils de Hugues II : 145 ; II, 217 ; Hugues IV, fils de Gervais, ép. Éléonore de Dreux : 146, 147 ; Marguerite, fille de Hugues IV, ép. Hervé de Léon : 147 ; Marie d'Espagne, dame de Ch. en 1351 ; 147 ; Ribaud. Ribaldus ; 143 ; Robert, fils de Hugues Iᵉʳ ; II, 217 : Robert de Chaumont, sʳ de Ch. par sa femme Éléonore de Dreux : 146 ; Yolande, fille de Hugues IV, ép. Geoffroy de Rochefort ; 146. — *Maréchaussée* ; 156. — *Vicomté* ; 154. — *Ville et seigneurie* ; 29, 82, 85, 144, 145, 147, 148, 153, 154 ; II, 33, 34, 75, 83, 86, 101, 131, 144.

Château-Renaut [cant. de l'arr. de

Tours, Indre-et-Loire, Touraine],
(*Seigneurs de*) : Guicher Ier, fils
de Renaut Ier, ép. Perronnelle ;
98 ; Guicher II, fils de Guicher Ier ;
98 ; Letbert, fils n^l de Renaut ; 98 ;
Renant, 1er s^{gr} de Ch., qu'il fait
bâtir, fils de Renaut de Bellême,
1er s^{gr} de Château-Gontier ; 98 ;
Renaut, fils de Guicher Ier ; 98.

Château-Thierry [arr. de l'Aisne,
Brie], seigneurie ; 171.

Châtel-Aillon (ancienne principauté,
aujourd'hui simple hameau de la
com. d'Angoulins, cant. et arr. de
la Rochelle, Charente-Inf^{re}. Aunis).
[Princesse de], en 1551, Jacqueline
de Rohan, veuve de Fr. d'Orléans,
m^{is} de Rothelin.

Châtelets (les) [cant. de Brezolles,
arr. de Dreux, Eure-et-Loir. Serg^{ie}
de Brezolles, Thimerais] ; 13, 16,
155.

Chatellerault (Castrum Ernaudi,
Castrum-Erault, Castrum Renaldi)
[arr. de la Vienne. Poitou], vicomté
relt du comté du Poitou ; II, 146,
255 à 257. — *Maison de :* b^{rons} du
Sonnois ; 21. — *Vicomtes de :*
Emery III (Emericus, Hemericus,
Henricus de Castro-Eraut) fils de
Hugues II ; 60, 61, 67, 70, 71, 172bis,
182ter ; II, 10, 22, 27 ; Hugues II,
ép. Ele d'Alençon ; 60, 61, 105.

Chatenoy ; II, 203, mis par erreur
pour Châtel-Aillon, voir ce mot.

Châtillon [cant. de Cloyes, arr. de
Châteaudun, Eure-et-Loir. Perche-
Gouet] ; 161.

Châtillon-sur-Loing [cant. de l'arr.
de Montargis, Loiret. Gâtinais).
S^{gr} en 1229 : Etienne de Sancerre ;
II, 209. — *Maison de.* Odet de
Coligny-Châtillon, cardinal-arch.
de Toulouse, fils de Gaspard, m^{al}
de France, † 1571 ; II, 230.

Châtillon (Chasteillon), [Chastillon-
sur-Marne, cant. de l'arr. de
Reims, Marne. Champagne], *Seigneurie* ; II, 171. — *Maison de :*
Jean, fils de Hugues, c^{te} de Blois
par sa mère, Marie, c^{sse} de Blois,
c^{te} de Chartres par sa cousine
Mahaut, ép. Alix de Bretagne,
† 1279 ; 79 ; Jeanne, fille de Jean,
c^{sse} de Blois et de Chartres, ép.
en 1272 Pierre de France, c^{te} du
Perche, † 1292 ; 74, 78, 80, 97 ;
II. 42, 43, 45, 218 ; Gaucher II
(Galcherus) fils de Gaucher, c^{te} de
Portien, connétable de France,
† 1329 ; 148 ; II, 220, 243, 244 ;

Gui (Guido de Castellione), c^{te} de
St-Pol, fils de Gaucher III. s^{gr} de
Montmirail par sa femme, Agnès
de Donzy, c^{sse} de Nevers, † 1226 ;
II, 240, 241 ; Gui IV, c^{te} de St-Pol,
grand-bouteiller de France, fils de
Gui III, ép. Marie de Bretagne,
† 1317 ; 81, 147, II, 46, 51, 53 ;
Hugues V (Hugo de Castellione,
s^{gr} de Châtillon et Crécy, c^{te} de
St-Pol et de Blois, fils de Gaucher III,
ép., 1º N. de Bar, 2º Marie
d'Avesnes, c^{sse} de Blois, † 1248 ;
162 ; II, 242, 243 ; Mahaut (Mathilde
de Sancto-Polo), fille de Guy, c^{te} de
St-Pol, ép., en 1309, Charles Ier de
Valois, c^{te} du Perche et d'Alençon,
† 1358; 74, 81, 97, 147; II. 46. 48 à 57,
61 à 65, 70 à 74, 77, 84, 220, 221 ;
Yolande, fille de Gui, c^{te} de St-Pol,
dame de Montjay et St-Aignan,
c^{sse} de Nevers, ép., en 1227,
Archambaut IX de Dampierre, sire
de Bourbon, † 1351 ; II, 244. —
Le sire de, en 1483, Pierre Ier, [s^{gr}
de Roncherolles, b^{on} du Pont-Saint-
Pierre, comme mari de Marguerite
de Chatillon, dame de Ch. et la
Ferté en Ponthieu] ; II, 140, 141.
— *Maison de*, s^{grs} du Perche-
Gouet ; 159.

Chaudere (Ebrardus) [vassal de la
chât^{ie} de Nogent-le-R] ; II, 21.

Chaumont [cant. de l'arr. de Beauvais,
Oise. Vexin] ; II, 165, provoté (sic) ;
131, 132 ; Robert de, sire de Saint-
Clair, ép. Eléonore de Dreux ; 146.
[Il est bien probable qu'il appar-
tenait à la maison de Chaumont-
Quitry, quoique ne figurant pas
dans la généal. de cette famille donnée par Moreri.]

Chaussée (la), moulin en la chât^{ie} de
Montigny ; II, 90.

Chaustfour Etienne (de), sergent de
l'év. de Chartres en 1316 ; II, 251.

Chauvigny (Calviniacum in Pertico)
[cant. de Droué, arr. de Vendôme,
Loir-et-Cher. Vendomois] ; 11, 12.

Chavel, Jacobus, cap^{ne} de Chartres
en 1375 ; II, 253.

Chauvigny [château en Lerné, cant. de
Chinon. Indre-et-Loire. Loudunois];
le s^{gr} en 1594 ; 92, voir François
le Roy.

Checiacum [Chécy, cant. d'Orléans,
Loiret. Orléanais] ; II, 33, 34.

Cheenvilla, voir Chainville ; II, 19,
21.

Chelsina, Cheuma, Cheinia ; II, 20.

Chemilly [cant. de Bellême, arr. de

Perrière, cant. de Pervenchères, Orne. Perche] ; 40.

Glocestre [actuell[t] Glocester, Angleterre], duché ; II, 118. — *Comte de*, Robert Haimon, ép. Sibille de Montgommery ; 105.

Clotaire II, roi de France (Clotarius), † 628 ; 8, 172 bis.

Cloux-Mahault (de) [masure en la châtie de Montigny, Eure-et-Loir. Perche] ; II, 91.

Cociacum ; II, 14, voir Couci.

Cochin (Auguste-Henri), cons[r] d'État ; II, 175.

Codel Jean, procureur du c[te] de St-Pol, en 1402 ; II, 108.

Cœur Jean III archevêque de Bourges, 1447-1483) ; II, 127.

Coimes, Coimis ou Counis (Mathieu de), sénéchal du duc de Bretagne et bailly de Bellême ; 121 ; II, 20.

Coirfain, ou *Courfain*, fief de Marchainville ; II, 210, 272.

Colet ou Collet, Rambert et André, vers 1132 ; II, 218.

Colinet de Meaucé, éc[r] en 1394 ; II, 265.

Colonard [cant. de Nocé, arr. de Mortagne, Orne. Châtie de Bellême, Perche] ; 128, 141 ; t.bl. alph. — *St-Martin-de*, jadis du doyenné de Bellême ; 112.

Comalchia ; II, 206, voir Commauche.

Comblot [cant. et arr. de Mortagne, Orne. Châtie de Mortagne, Perche] ; 128, 141. tabl. alph. — *St Hilaire de*, jadis du doyenné de Corbon 112.

Comborn (Gui II de), v[te] de Limoges, ép. Marquise de la Marche ; 105.

Combres [cant. de Thiron, arr. de Nogent-le-Rotrou, Eure-et-Loir, sergie Boullay, Perche] ; 128, 142. — *Notre-Dame de*, jadis du doyenné de Brou ; 114.

Commauche (Comalchia), rivière, affl[t] de l'Huisne, source à Bubertré ; 16, 17 ; II, 206.

Commines Philippe (de), s[r] Argenton, historien de Louis XI ; II, 149, 258.

Comminges [province de France, cap. Saint-Bertrand. Haute-Garonne]. le c[er] de, en 1483 ; II, 258 ; Jean, bâtard d'Armagnac.

Compiègne [ch.-lieu d'arr. de l'Oise. Valois]. — *États généraux* en 861 ; 48. — *Ville* ; II, 187.

Conches [cant. de l'arr. d'Évreux, Eure, Normandie]. — *Comté* ; 136, 223.

Condacus, voir Condé-sur-Huisne.

Condé-sur-Huisne (Condacus) [cant. de Rémalard, arr. de Mortagne, Orne, serie Boulay, Perche] ; 25, 128, 141. — *Notre-Dame de*, jadis du doyenné du Perche ; 114.

Condé [Condé-sur-l'Escaut, cant. de l'arr. de Valenciennes ; Nord. Hainaut] ; (*le prince de*). en 1558 ; II, 163, voir Louis de Bourbon.

Condeau [cant. de Rémalard, arr. de Mortagne, Orne, châtie de Bellême, Perche] ; 128, 141. — *Saint-Denis de*, jadis du doyenné de Bellême ; 113.

Constantin, pays ; II, 80, 81, 82, voir Cotentin.

Constantinople, capitale de la Turquie ; 28, 54, 105. — *Impératrice de* ; II, 50, voir Catherine-de-Courtenay.

Conte (le petit), vassal de Nogent en 1335 ; 89.

Conti [Conty, cant. de l'arr. d'Amiens, Somme, Amiénois] (*le prince de*). vers 1770, vend Senonches à Louis XV ; 451. voir Louis-François de Bourbon-Conti.

Contrebis, anc[ne] comm[ne] réunie à Randonnai [cant. de Tourouvre, arr. de Mortagne, Orne, châtie de Mortagne, Perche] ; 115, 128. — *Sainte-Madeleine de*, jadis du doyenné de L'Aigle, diocèse d'Évreux ; 115.

Conversum [Conversano, ville du royaume de Naples, Italie]. — *Le comte de*, Antoine de Bourbon ; II, 161, 162. — *La comtesse de*, Marie de Luxembourg ; II, 148.

Coqui-Maleti (Guillelmus), sergent de Nogent en 1230 ; II, 20.

Corbeil (Michel ou Pierre de), archevêque de Sens, 1194-1204 ; II, 206.

Corbeville (Odo de) ; II, 258, voir Courville.

Corbie (Arnault de), chancelier de France ; II, 107.

Corbion (ancien nom de Moutiers-au-Perche [cant. de Rémalard, arr. de Mortagne, Orne, Perche] ; 16, 25. — *Abbaye de*, bénédictins ; 18

Corbionensis, forme erronée de Corbonensis (voir ce mot) ; 18, 172 bis.

Corbon [cant. et arr. de Mortagne, châtie de Mortagne, Perche] ; 31, 41 46, 128, 141. — *St Martin-de*, jadis du doyenné de Corbon ; 112. — *Archidiaconé* ; 49, 55, 56, 65, 108, 111, 112, 114, 115, 117. — *Doyenné* ; 9, 43, 55, 112.

Courtandan [Cortandon d'après le Père Anselme, comté en Piémont, Italie], le c^{te}, en 1654; François-Marie Broglie; II, 231.

Courthenay, voir Courtenay (Courtanayum ou Curtenetum) [cant. de l'arr. de Montargis, Loiret. Gâtinais]; II, 54. 64. — *Maison de*, branche de la Maison de France; Catherine, fille de Philippe, emp^r titul. de Constantinople (Kath. emperees de Const.) ép. Charles de Valois, 12e c^{te} du Perche, † 1308; 74, 81, 97; II, 50, 51, 54; Guillaume, fils de Jean, chanoine de Reims en 1312, II, 210; Jean, II, 210; Jean, fils de Jean, écr, baillistre des enfants de Gilles de Melun, II, 210, 211, 263; Mahaut, fille de Pierre, ép. 1º Hervé IV de Donzy, 2º Guigues V, c^{te} de Forez, † 1257, II, 235; Robert, fils de Jean, chanoine de Reims; II, 210. — *Seig^r de:* Pierre de France; II, 235, voir France.

Courthioust [p^{sse} et c^{me} réunies à Colonard en 1807 et 1820, cant. de Nocé, arr. de Mortagne, Orne, Châtie de Bellême, Perche]; 128, tabl. alph. — *Notre-Dame de*, jadis du doyenné de Bellême; 113.

Courtin (Jacques), bailly du Perche, † 1572; 124; René, petit-fils de Jacques, avocat du Roi à Bellême, en 1598, historien du Perche; 38, 39, 54, 87, 122. — *N...*; II, 92.

Courton (le sg^r de en 1483); II, 140. Une terre de Courton appartint à Pierre de Brebant, dit Clignet, amiral de France en 1405 et mort après 1428; mais il doit s'agir ici de Curton [en Daignac, cant. de Branne, arr. de Libourne, Gironde. Bordelais] dont était sg^r, en 1483, Gilbert de Chabannes, cons^r et chambellan du Roi.

Courtoulin [cant. de Bazoches, arr. de Mortagne, Orne, Châtie de Mortagne, Perche]; 128, 140; St-Hilaire de, jadis du doyenné de Corbon, p^{sse} actuell^t réunie à Bazoches; 112.

Courtoux [terre en St-Pierre-sur-Orthe, cant. de Bais, arr. de Mayenne, Mayenne. Maine]; II, 174 à 178, 186.

Courtray [Flandre occidentale; Belgique]; bataille de, en 1302; II, 200.

Courville, Corbeville ou Curveville [cant. de l'arr. de Chartres, Eure-et-Loir. Pays Chartrain], — *Doyenné de*; 17, 26, 114. — *Maison de*; II, 238; Yvon; II, 243.

Cousinot (Guillaume) bailly de Rouen, en 1458; II, 111.

Coustances (Gauthier de), archevêque de Rouen (1184-1207); II, 208.

Coustances, voir Coutances.

Constantin, voir Cotentin.

Coustarier de Ste-Jamme, dossier de la famille le, dans le chartrier du Cte de Fontenay; 136.

Coutances [arr. du dép. de la Manche, Normandie]. — *L'Év.* en 1453; II, 140; [Richard III, Olivier, cardinal de Longueil]; l'év. en 1483, II, 258, [Geoffroy II Herbert].

Coutes (de) messire G.; II, 213; Jean, écr en l'hostel de Mgr de Chartres; II, 213; Simon, ép. Alice de Melun; II, 212.

Coutretot, réuni à Trisay en 1428 [cant. et arr. de Nogent-le-Rotrou, Eure-et-Loir, Châtie de Nogent-le-Rotrou, Perche]; 128. — *St-Pierre de*, jadis du doyenné du Perche; 114.

Couture (la) [abbaye de Bénédictins au Mans, Sarthe. Maine]; 100. — *Cartulaire*; 45, 100.

Couturier (Jean le), tabellion d'Orbec en 1666; II, 207.

Couvé, village détruit, réuni à Crécy, [cant. et arr. de Dreux, Eure-et-Loir. Thimerais]; 155.

Craon (de), de Credone, Amaury, sénéchal d'Anjou; 61, 66, 67; II, 11, 12, 13; Burgondie, ép. Renaut III de Châteaugontier; 98.

Créans; 10; II, 26. Voir Trahant.

Crécy [cant. et arr. de Dreux, Eure-et-Loir. Pays-Chartrain, sauf la partie formant jadis la com. de Couvé qui est du Thimerais]; 155.

Crécy en-Brie [cant. de l'arr. de Meaux, Seine-et-Marne. Brie], châtie; II, 165.

Crécy, ou Crécy-la-Bataille [cant de l'arr. d'Abbeville, Somme. Ponthieu]; bataille en 1356; 83; II, 125.

Credon; II, 12, 13. Voir Craon.

Creil (Yves de), maître des arbalétriers de Louis d'Outremer, 1er sg^r de Bellême, ép. Godehilde, † 997; 10. 20, 21, 30, 38, 98, 100.

Crespin. — Guillaume, écr en 1292; II, 262. — Guillaume, en 1312; 210. — messire Guillaume, ch^r en 1369; II, 213, 214. — Guillaume, homme lige d'Alluye; II, 238. — Monsr Jean; 212.

Crestot (Jean), garde des sceaux de la châtie de Mortagne en 1509; II, 208.

Greville, métairie en la châtie de Longny; II, 191.

Crévecœur [Crévecœur-le-Grand, cant. de l'arr. de Clermont, Oise. Beauvaisis]. — *Le sᵉʳ de*, en 1231, Jean I; II, 26; — Philippe, sᵉʳ de, marᵃˡ et gᵈ chambellan de France, sᵉʳ d'Esquerdes et de Lannoy, gouvʳ d'Artois, Boulonnais et Picardie, † 1494; II, 140, 258.

Crocheti, Crochet, vassal de Nogent-le-Rotrou en 1230, membre d'une famille considérable du Perche nommée plus tard *du Crochet*.

Croix-du-Perche (la) [cant. de Thiron, arr. de Nogent-le-Rotrou, Eure-et-Loir. Perche-Gouet]; 17, 161, tabl. alph.; II, 91.

Croizat; II, 232, voir Crozat.

Croullard (Noël) vassal de Nogent-le-R. en 1335; II, 89.

Croy de — Messire Henry, chr, sᵉʳ de Renty, de Chanfroy, de la Solletière et du Plessis et de la bᵃⁱᵉ de Longny en partie par sa femme Charlotte de Chasteaubriant, II, 201; messire Philippe, cᵗᵉ de Portien, donne par échange la bᵃⁱᵉ de Longny aux enfants de Claude d'Orléans, duc de Longueville; II, 201, 202.

Crozat (Antoine-Louis), mⁱˢ du Chastel, sᵉʳ de Mouy, Vandeuil, bᵒⁿ de Thiers, Gr. Trésorier des Ordres du Roi. 1715 à 1724, Trésorier des Etats du Languedoc; II, 232.

Crucey (Cruciacus) [cant. de Brezolles, arr. de Dreux, Eure-et-Loir. Sergie de Brezolles, Thimerais]; 25, 155.

Cruciacus, voir Crucey.

Crussol [prés et cant. de St-Peray, séparé de Valence par le Rhône, arr. de Tournon; Ardèche. Vivarais.] (Louis, sᵉʳ de, et de Beaudisner, Grᵈ Panvetier de France et bailly de Chartres 1461, sénéchal de Poitou et Gr. Maître de l'Artillerie de France 1469, gouverneur du Dauphiné 1473, † en août 1473; II, 127.

Cullant [Culant, cant. de Château-meillant, arr. de St-Amand, Cher. Berry] le sᵉʳ de, en 1483: [Louis sᵉʳ de, et St-Désiré, consᵉʳ et chambellan du Roy, bailly et gouvʳ du Berry, mort peu après 1486]; II, 140.

Curia-Grayis (Hugo de); II, 240.

Curtenelo, voir Courtenay.

Curton, voir Courton.

Curveville (Courville), Yves de; II, 243, voir Courville.

D

Dallier, auteur de recherches et notes ms. sur le Perche, conservées à la bibl. de Nogent-le-Rotrou; 36, 58.

Dambrai [bois à Colonard, Orne. Perche]; 65, 70; II, 21.

Damphront, voir Domfront.

Damemarie [com. du cant. de Bellême, Orne. Perche, châtie de Bellême]; 19, 128, 141; — *Paroisse Notre-Dame*, doyenné de Bellême; 113.

Dammartin (Simon de), cᵗᵉ d'Aumale, 2ᵉ fils d'Albéric II, pourvu du comté d'Aumale par Philippe-Auguste, ép. Marie de Ponthieu; 105.

Dampierre-sur-Avre [com. du cant. de Brezolles, Eure-et-Loir. Thimerais]; 153, 154.

Dampierre-sur-Blévy [com. du cant. de Senonches, Eure-et-Loir. Thimerais]; 154.

Dampierre sur-Brou [com. du cant. de Brou, Eure-et-Loir. Perche-Gouet]; 161.

Dampierre (*maison de*), seigr du Perche-Gouet; 159; Robert, cᵗᵉ de Nevers 1272, de Flandres 1305, ép. 1ᵒ Catherine d'Anjou, 2ᵒ Yolande de Bourgogne, cᵉˢˢᵉ de Nevers, veuve de Louis Tristan de France; II, 246, 247, 251.

Dancé [com. du cant. de Nocé, Orne. Perche, châtie de Bellême]; 19, 128, 141; — *Paroisse* St-Jouin-de, doyenné de Bellême; 113.

Danchière (le cᵗᵉ de); II, 118.

Dangeau, Dangu [com. du cant. de Brou, Eure-et-Loir. Perche-Gouet]; 161; — *Le sᵉʳ* vers 1558: Florentin Girard; 159; — *Domina de*; II, 240; autre dame, mère de Guill. Crespin; II, 262.

Dangeul, signataire d'une charte royale en 1405; II, 109.

Darquez (Renault de), prêtre; II, 94.

Dauvet, 1ᵉʳ présᵗ à Toulouse en 1461; II, 127; conseiller en 1483: II, 140.

Davy (Simon), mᵉ des Requêtes; II, 142.

Dayse (Thomas); II, 194, 271.

Delisle, Léopold, historien français, membre de l'Institut, administrateur général de la biblioth natⁱᵉ; 49, 103, 145; II, 104.

Deneufville ; II, 156.

Denuz, capitaine, garde de Verneuil ; II, 140.

D'Ermentières ; 153, voir Ermentières.

Desnos ou des Nos (Jean-Baptiste), chr cte de la Feuillée, ép. Marie-Marg. de Cordouan, II, 176 ; Charlotte-Suzanne, veuve de Paul-Louis, duc de Beauvilliers, dame de Maresché et de Torbéchet, dame de Madame, II, 174, 177, 176 ; N..., sœur de Charlotte, mse de Marsilly, II, 176, 177.

Dezert, de Dezerto (Hugo de); II, 217.

Diciaco (Petrus de) ; II, 761.

Digny [com. du cant. de Senonches, Eure-et-Loir, Thimerais] ; 154.

Divilis, ou le Riche (Jacobus) ; II, 252.

Dodon (Dodo) év. d'Angers (840 à 880) ; 26.

Doeria feodum de, feodum Gaudi ; II, 21, 22 [fief du Perche compris dans le partage de 1230].

Doit (Artur de); II, 207.

Dollon [com. du cant. de Vibraye, Sarthe. Perche, chât de Ceton, diocèse du Mans] ; 20, 128, 142, 115.

Domaines, divers genres ; 95.

Domfront (Domfront en Passais, Domphront Domfort, d'Ompfront) [ville et arr. de l'Orne, Normandie]; 39,46,84, 85, 88, 89, 101, 174 quater; II, 100, 105, 113, 120, 124, 135, 140, 156, 157, 223. — Château ; 100. — Seigneurs et damesde : Adèle, fille de Guérin, ép. Rotrou II, cte de Mortagne ; T.44, 30, 40, 42.97, 98 ; Guérin, fils bâtard de Guill. 1er de Bellême, ser de Domfront, prétendu ser de Nogent et Mortagne, et vte de Châteaudun, ép. Mathilde ou Mileserde ; T 44,30,39, 40, 60, 98, 101. — Vicomté; II, 251.

Domus - Mausigii, voir Maison-Maugis.

Donzy (Maison de), seigrs du Perche-Gouet; 159; Agnés, fille de Hervé IV, épousa Gui de Châtillon-Saint-Pol ; II, 240, 241, Hervé IV, cte de Nevers et d'Auxerre, ayant ép. Mahaut, fille de Pierre de Courtenay, fils de Hervé III et de Mathilde Goët; II, 235, 240, 241.

Dorceau [com. du cant. de Regmalard, Orne. Perche, chât de Mortagne]; 128, 141. — Pre St-Etienne, jadis du doyenné de Brezolles ; 115.

Double, signataire d'une charte donnée au Louvre en 1336 ; II, 95.

Douxin (Gillot) ; II, 89.

Dreux [ville et arr. d'Eure-et-Loir. Pays Chartrain]. — Archidiaconné ; 16, 17, 25, 114, 115. — Comté ; 35 ; II, 167. — Maison de (branche de la maison de France, issue de Robert, 5e fils du roi Louis VI le Gros); Eléonore, fille de Robert III, ép. 1o Hugues IV de Châteauneuf, 2o Robert de Chaumont, seigr de Saint-Clair, 146 ; Jean-le-Roux, duc de Bretagne, fils de Pierre Mauclere, voir Bretagne ; Gauvain, fils de Jean, seigr de Beaussart, 147 ; Philippe, dame de Châteauneuf, fille de Jean, ép. Jean de Pontaudemer; 147. 148; II, 222 ; Pierre, dit Mauclere, duc de Bretagne, voir Bretagne; Robert de France (Robertus comes Drocarum), comte, 5e fils de Louis VI le Gros, ép. 1o Agnès de Garlande, vve d'Amaury de Montfort 2o Harvise de Salisbury, veuve de Rotrou II du Perche, 3o Agnès de Baudemont ; cte du Perche comme baillistre de son beau-fils Rotrou IV, T.44,50,51, 60,62, 97; II,6; Simon, ser de Senonches ; 172 quinquies. — Territoire ; 8, 29.

Dreux de Mello, seigr de Loches, ép. Isabelle de Mayenne ; 66, II, 11.

Drocis (de) Galranus, miles; II, 253.

Drouais (Drucosinum, Durocassinum, Durcasinum), pays de Dreux ; 16, 25, 27, 145.

Duc (le) Nicolas, écr ; II, 194, 271.

Duchesne, généalogiste et historien français (1584-1640) : 50, 53, 54, 72, 117, 144, 172 quinquies ; II, 6, 10, 18, 21, 23, 38, 39, 42, 44, 53, 74, 189, 194, 198, 210, 212, 220, 254. 263.

Dulcinus, Willelmus ; II, 217.

Duneroles [Flandres ?] le seigr de, en 1540, voir Ant. de Bourbon.

Dunkerque [Nord. Flandre], la dame de, en 1505, voir Marie de Luxembourg.

Dunois (Dunois au Perche, Dunays, Dunensis pagus ou comitatus, Dunisum) [pays de France, capitale : Châteaudun] ; 16, 26, 27 ; II, 140. — Archidiaconé ; 16, 17, 25, 26, 166. — Comte, en 1461 ; Jean, dit le bâtard d'Orléans, cte de Longueville et de Dunois, II, 111, 127, 128 ; comte en 1484, François I d'Orléans, cte de Dunois et de Longueville, II, 258. — *Comtesse* en 1515 : Jeanne de Hochberg, veuve de Louis d'Orléans-Longueville ; II, 202. — *Comté* : 6, 11, 166 ; II, 219. — *Doyenné* ; 10, 11, 12, 17, 166. — *Cartulaire* ; 158.

Dupaz (auteur de Mémoires historiques) ; 84.

Dupuy, bibliothécaire du Roi (1586-1656) ; II, 6, 8, 39, 63, 79, 100, 270.

Durcassinum, Durocassinus pagus, voir Drouais.

Durtal (Geoffroy de), ép. Isabelle de Châteaugontier ; 98.

Dussieux, géographe français ; 167.

Dutillet, signe, le 19 ja. 1565, l'enregistrement d'une charte au Parl. de Paris ; II, 231

Duval, Louis, archiviste de l'Orne ; 15, 18, 24, 27, 110, 112, 115, 123, 124, 131, 132, 133, 137, 156 ; II, 203.

E

Ebricinum (d'Evrecin, ancien diocèse d'Evreux, pays englobé dans la Normandie) ; 27.

Ebrulfus, voir Evroult.

Eburons, peuple de la Gaule ; 15, 111.

Echiquier, cour de justice, jus scaccarii ; 78.

Ecluselles [cant. de Dreux, Eure-et-Loir. Election de Verneuil. Châtie de Châteauneuf, Thimerais] ; 156.

Ecosse, Jacques V, roi d', ép. Marie de Lorraine-Guise, † 1542 ; II, 202.

Ecouves, forêt [entre Alençon et Séez, Orne. Normandie] ; 9.

Eglington, famille anglaise, peut-être issue de la maison de Montgommery ; 105.

Elbenne (Samuel-Menjot d') vicomte d') secrétaire d'ambassade, ancien sous-chef du bureau historique aux affaires étrangères ; T, 44.

Ele ou Alice d'Alençon, voir Alençon.

Eléonore d'Angleterre, de Dreux, de Châteauneuf, voir ces noms.

Elloy, notaire en 1455 ; II, 208.

Emery de Châtellerault, voir Châtellerault.

Emme de Laval, de Châteaugontier, de Vitré, voir ces noms.

Enghien, Enguien, Anghuien [1re baronnie du comté de Hainaut, Belgique. Le nom en fut transporté d'abord à Nogent-le-Rotrou, puis à Issoudun, enfin au duché-pairie

de Montmorency, près Paris, qui l'a gardé] ; *seigr d'*, Ant. de Bourbon ; 152 ; II, 161, 162.

Enguerrand, Ingorannus, de Couci, de Marigny, de Picquigny, voir ces noms.

Epernay, Espernay [ville et arr. de la Marne. Champagne] ; II, 171.

Epernon, Espernon [cant. de Maintenon, arr. de Chartres, Eure-et-Loir. Pays Chartrain] ; *dame*, en 1505 : Marie de Luxembourg. — *Baron*, en 1540 : Ant. de Bourbon.

Eperrais [cant. de Pervenchères, Orne, Perche], 141 ; parse St-Pierre, doyenné de la Perrière ; 113.

Epicencis pagus [pays existant au 6e siècle et qui n'a pu être encore identifié] ; 18, 23.

Erart de la Marche, év. de Chartres et de Liège (1507-1523) ; II, 201.

Ermengarde ou Hermengarde, femme de Geoffroy Ier de Châteaudun ; 37, 39 ; T. 44.

Ermenterias, Ermentières [Armentières-sur-Avre, cant. de Verneuil, Eure, Thimerais] ; 25, 153.

Ermine (l'), château à Vannes (Morbihan) actt détruit ; II, 95, 98.

Ernaud de la Ferté, voir Ferté (la).

Erre, riv., affluent de l'Huisne, arrosant le Perche, Orne ; 9.

Ersanville, Guillelmus d', vassal lige de Brou ; II. 238.

Esbreville ; II, 212.

Eschaudé, sergent de Nogent en 1230 ; II, 20.

Escorpain [cant. de Brezolles, Eure-et-Loir. Châtie de Châteauneuf, Thimerais] ; 154.

Escorpaion, fief de Marchainville ou de la Loupe ; II, 212.

Escoubleau, famille d', barons d'Alluye ; 160.

Esné de la Doure (l') ; II, 89.

Espagne ; 48. — *Maison d'*, Marie, esse d'Etampes, † 1379, fille de Ferdinand d'E., ép. 1e Charles d'Etampes, 2o, en 1336, Charles II de France, cte du Perche ; 74, 83, 84, 97, 147 ; II, 93, 103 ; Livre de Marie d'E., 83 ; Marie-Thérèse d'E., † 1746, fille de Philippe V, ép., en 1745, Louis de France, dauphin ; 74.

Espernon, voir Epernon.

Espichellière [com. de Souligné-sous-Vallon, Sarthe. Maine] ; Guillard d', év. de Chartres ; II, 202, 203.

Esprit de Harville, ch., sgr de Palaisau et de la Motte d'Iversay en 1558 ; 110.

Esquerdes ou les Guerdes [cant. de Lumbres, arr. de St-Omer, Pas-de-Calais. Artois]; *le baron*, en 1484: Ph. de Crèvecoeur; II, 140, 258.

Essai [cant. de l'arr. d'Alençon, Orne. Normandie] Esseium; 79; II, 39. — *Châtie*; II, 80, 81, 82, 140, 223.

Essarts (des), témoin en 1336; II, 95.

Essuins, habitants d'Essai; 17.

Estouteville [Jean de Bourbon, duc d']; II; 153, 164.

Etats-Généraux; 74, 126.

Etats provinciaux; 126.

Etang Bouillon (l') près l'Hermitière; 40.

Etienne, doyen de St-Denis de Nogent en 1385; 172 quater.

Etienne de Blois, roi d'Angleterre, voir Angleterre.

Etienne du Perche, chancelier de Sicile, voir Perche.

Etienne du Perche, duc de Philadelphie, voir Perche.

Etienne III, de Roupy de Cambrai, év. d'Agde. (1448-1462); II, 127.

Etienne de Sancerre, voir Sancerre.

Etienne I de Senlis, év. de Paris (1124-1142); II, 217.

Etilleux (les) Extiliolus [cant. d'Authon, Eure-et-Loir. Perche]; 10, 142; — parsse Notre-Dame, jadis du doyenné du Perche; 114.

Eu [arr. de Dieppe; Seine-Inférieure. Normandie], comté; 117.

Eudes..... de Chartres, de Châteaudun, de la Marche, de Nevers, voir ces noms.

Eure, département; 156.

Eure-et Loir, département; 140, 142, 156, 166.

Eustachia, ép. Guill. II Gouet; 158.

Evrard de Montgommery, voir Montgommery.

Evreux [Eure, Normandie]. — *Diocèse*; 21, 115, 153. — *Maison d'*: Edouard ou Gautier d'E., bon de Salisbury, 50; Harvise d'E. et de Salisbury, fille d'Edouard, ép. de Rotrou III le Grand, T, 44, 50, 51, 60, 62, 97, II, 6; Patrick d'E., comte de Salisbury, ép. Helle de Bellême: 50, 105.

Excestre [Exeter, Angleterre], le duc en 1458; II, 118.

Exilie, ép. Alart II de Château-Gontier; 98.

Exmes (Hyesmes, Iexmes, Oximensis pagus), [arr. d'Argentan, Orne. Normandie]; II, 105, 140. — *Haras*; II, 234. — *Pays*; 17, 18 19, 23,

25, 97. — *Vicomté*; II, 131, 151, 156, 223. — *Vicomtes:* Roger et Hugues de Montgommery, voir Montgommery.

Expilly (l'abbé), géographe du XVIIIe s.; 13, 87, 124.

F

Fagot, signataire d'une charte du cte du Perche, en 1514.

Falcand (Hugues), hist. Sicil.; 50.

Fallesie (forge); II, 51.

Farières [com. du cant. de Châteauneuf; Eure-et-Loir. Châtie de Châteauneuf, Thimerais]; 154. — *Payen de.* Paganus de Faveriis; II, 218.

Favril (le) [com. du cant. de Courville, Eure-et-Loir. Perche]; 114, 128; parsse St-Pierre, doyenné de Courville; 114.

Fayot de Laire (ou Leyre), bois près Longny; II, 192.

Feillet ou Feuillet, Folhetum [ance com. réunie au Mage, cant. de Longny, Orne. Perche]; 113, 115, 128, 139. — *Seigie*; 73. — *Via guacelli* de Folieto; II, 205. — *Guillaume de*, Guillelmus de Folieto; II, 20, 21, 235.

Feings [com. du cant. de Mortagne, Orne. Châtie de Mortagne, Perche]; 112, 128, 141; parsse St-Gervais, jadis du doyenné de Corbon; 141.

Félibien (dom), bénédictin XVIIe s.; 88.

Félice de Roucy, fille d'Hilduin, cte de Roucy, ép. 1063 Sanche-Ramirez, roi d'Arangon; 48.

Félicie du Perche, voir Perche.

Félicité de Beaufort, femme d'Hugues II, commune de Rethel; 57.

Féodalité, droits féodaux; 31, 32, 68, 94.

Fère-sur-Oise (la) [cant. de l'arr. de Laon, Aisne. Vermandois]; château II, 148, 149.

Fergent (Alain ou le Roux) duc de Bretagne, † 1119; 45.

Feritas-Bernardi: voir la Ferté-Bernard.

Ferreria (Tetboudus de), miles; II, 217.

Ferrière (la) Ferraria, sgrie dépend de la châtie de Nogent [en Coudreceau, cant. de Thiron-Gardais, arr. de Nogent-le-R., Eure-et-Loir. Perche]; 70, 73 79, 86; II, 20, 91, 107, 145, 146, 149, 150, 154, 162, 164, 255, 257, 258.

Ferrière-au-Val-Germond (la), Ferraria de Vallis-Germondi [ance com. réunie à Fontaine-Simon, cant. de la Loupe, Eure-et-Loir. Châtie de

Frenon, valet du duc d'Alençon en 1458; II, 118.

Fresnay (Fresnay-sur-Sarthe ou au Maine) [cant. de l'arr. de Mamers, Sarthe. Maine]; II, 131, 140, 152.

Fresnay-le-Gilmert [com. du cant. de Chartres, Eure-et-Loir. Thimerais]: 155.

Fresne (le) ancienne com. réunie à St-Fulgent, cant. de Bellême, Orne. Châtie de la Perrière, Perche : 128, tabl. alph.

Fresne (de), secrétre des comms en 1553; II, 230.

Fresnel (Pierre V), év. de Meaux, 1391-1409; II, 107.

Fresnel, témoin en 1202: II, 207.

Fret (abbé), historien du Perche, XIXe s. : 21, 27, 63, 75, 163.

Fréteval (Fracta Vallis) [cant. de Morée, arr. de Vendôme, Loir-et-Cher. Dunois]. — *Forêt*, 11. — *Maison de*: Agnés ou Comtesse, fille de Foucher, ép. Hugues IV, vte de Châteaudun, T 44, 60 ; Alice (Aalis de Fracta valle), dame de Montmirail, ép. Geoffroy V, vte de Châteaudun, T 44, 60 ; II, 237, 241, 242 ; Foucher, T 44.

Frétigny [com. du cant. de Thiron, Eure-et-Loir. Perche, sergie de Bellême] : 128, 142, 155. — Parse de Saint-André, doyenné du Perche ; 114.

Friaize, Frièse [com. du cant. de la Loupe, arr. de Nogent-le-R., Eure-et-Loir. Pays Chartrain] ; II, 222. — *Famille de* : Garinus, vassal du Perche en 1230 ; II, 20.

Frièse ; II, 20, voir Friaize.

Frodeline, de Châteauneuf: 144.

Froisiacum, voir Frazé.

Frovilla (d' :nus de), vassal d'Alluye ; II, 238.

Fulbert (saint), év. de Chartres, 1007-1029 : 37, 38.

Fulcherius, voir Foucher.

Fulcoïn ou Fulcoïs, père de Yves de Creil : 99.

Fulcoïs, comte de Mortagne, voir Mortagne.

Fuller (via de), en Maison-Maugis ; II, 206.

Fumée (Adam), consr [?], en 1483, [médecin de Ch. VII, puis de Louis XI, me des Requêtes 1464, envoyé du roi, sgr des Roches, St-Quentin, Genillé, etc., garde des Sceaux de France 1492, † en nov. 1492] ; II, 140.

G

Gadelière (la) [ancne comm. réunie à Rueil, cant. de Brezolles, Eure-et-Loir. Thimerais] ; 155.

Gaiglardon, voir Gallardon.

Gaignon (Jehan) ; II, 91.

Gaignères, érudit du XVIIe s. (collection), partie du dépt des Mss à la B N : 39.

Guillefontaine, alias Gueillefontaine [arr. de Neufchâtel, Seine-Infre. Normandie] ; II, 65, 67, 75, 76, 79, 220.

Galardon, voir Gallardon.

Galcherius, voir Gaucher.

Galland, avocat; II, 53.

Gallardon (Gaiglardon) [cant. de Maintenon, Eure-et-Loir. Pays Chartrain] ; *Château*, 38; II, 144. — *Fief* ; II, 22. — *Maison de*: Adam, chr: II, 244; Foucher, fils de Herbert, T 44; Guibourge, fille de Herbert: T 44; Herbert, fils de Hervé : T 44; Hervé, fils de Geoffroy II de Châteaudun? : T 44; Hervé, fils de Herbert : T 44; Hervé, ép. Alice de Châteaudun, dame de Fréteval: T 44, 60, 62, 67, 70; II, 15, 16. — *Syrie* ; II, 152.

Gallet, Edmond ou Hemond; II, 116 à 119; Louis ; II, 116.

Galon, forêt dépt de la sgrie de la Loupe ; II, 265.

Gamard, consr aux Comptes ; II, 183.

Ganelon (Wenclow, Wanclo), trésr de St-Martin-de-Tours: 12.

Gaprée (Robertus de); II, 21.

Garancière-en-Drouais [com. du cant. de Dreux, Eure-et-Loir. Thimerais, châte de Châteauneuf]: 154.

Garcias Ramirez, roi de Navarre, voir Navarre.

Gardais (Gardeis) [ancne comm. réunie à Thiron, Eure-et-Loir. Pays Chartrain ; doyenné du Perche]: 114. — *Granchia de* ; II, 5.

Garinus de Pertico, miles, Guérin le Breton : 44.

Garin d'Arcéi, év. de Chartres; II, 197, 252. 263.

Garlande (Jean II de), év. de Chartres, 1298-1315 ; II, 209, 210, 250, 262, 263.

Garnay [comm. du cant. de Dreux, Eure-et-Loir. Thimerais, châte de Châteauneuf]: 154.

Garnier de Trainel, voir Trainel.

Gaschier, Consr Maître ; II, 163.

Gaserand (Ferricus de) ; II, 259.

Gassion (famille de), barons d'Alluye: 160.

Godehilde de Bellême, voir Bellême.

Godet (abbé), histn contemporain : 172 quater.

Gogué (Monsr Jehan La); II, 89, 90, 91.

Goisfredus, voir Geoffroy.

Gonesse de Achillosus (Petrus); II, 252.

Gontart (Guillelmus); II, 237.

Gonzague (de) — Charles II, duc de Mantoue et de Nevers, fils de Louis, ép. Cath. de Lorraine : 150; II, 231; Charles III : 150; II, 231; Charles, prince de Mantoue en Thimerais : 150; II, 231; Louis, 1er prince de Mantoue, duc de Nivernais : 149, 150, 152; Ludovic, prince de Mantoue; II, 223 à 230.

Got (Mathieu), capne anglais à Bellême : 88.

Gouet (Goet, Goietus) — Guillaume I, sgr de Montmirail, Authon, la Bazoche, Brou, ép. Mahaut d'Alluye : 35, 158; Guillaume II, fils de Guill. I, sgr de Alluye, Montmirail, Château-du-Loir, Villevillon, ép. : Eustachia, 158, 159; Guillaume, fils de Guill. II, ép. Elisabeth de Champagne : 49, 158; Hugues : 158. —

Gouffern, forêt près d'Argentan [Orne. Normandie] : 102.

Goulet ou Goullet (le) [cant. d'Ecouché, Orne. Normandie]; II, 223.

Goulet (le) [cant. de Bellencombre, arr. de Dieppe, Seine-Infre. Normandie], traité en 1200 : 54, 117, 148.

Gournay [Gournay-sur-Aronde, cant. de Ressons, arr. de Compiègne, Oise. Beauvaisis]; 165.

Gouverneur, imprimeur, ancien maire de Nogent-le-Rotrou, auteur d'un Essai historique sur le Perche : 8, 157, 161.

Gozcelinus (Gosselin); II, 204.

Grammont (Mlle de), ép. de St-Simon; II, 232.

Grandhoux, Grandchussum [anc com. du Pays Chartrain réunie à Nonvilliers, cant. de Thiron, Eure-et-Loir. Nonvilliers est du Perche] : 142. — Grangia de : II, 5. — Robert de; II, 91.

Grands Jours du Perche : 80, 81, 122.

Granville (Grantville) [Manche. Normandie]; II, 118.

Grasset (Chenot); II, 89.

Gravelinghes [Gravelines, Nord. Flandre]. — dame de, voir Marie de Luxembourg. — Sgr de; voir Anthoine de Bourbon.

Graville [Graville-Ste-Honorine, cant. et arr. du Havre, Seine-Inf. Normandie]. — seigrs de; voir Malet.

Grégoire l'Anglois, év. de Sées (1379-1404) : 172 præter.

Grégoire de Tours, év., histn du VIe s. : 8, 19, 23, 24.

Grenet (Jean), lieutt gal du bailly du Perche; II, 209.

Griseqonelle (Geoffroy), cte d'Anjou, ép. Mahaut de Châteaudun : 28, 36, T 44.

Grutuze (le sgr de la), Sénéchal d'Anjou; II, 140.

Guaco de Lognie, en Corbonnois; II, 32, voir Longny.

Gualterius Sorus : 39, voir Sorus.

Guarinus, voir Guérin.

Guardérie (la), alias Guiardière, métairie en Marchainville; II, 210.

Guazfridus, Gaufridus, voir Geoffroy.

Guazo, voir Gaston.

Gué-de-la-Chaine [comm. du cant. de Bellême, Orne. Perche, châtie de Bellême] : 128, 141. — Parsse St-Latuin du, doyenné de la Perrière : 113.

Gué-de-l'Aunai (Vadum Alneti) [abbaye de bénéd. à Vibraye, arr. de St-Calais, Sarthe. Maine]. — l'abbé au XIIIe s.; II, 237.

Gueguerie (la), alias la Queyriele, fief en Marchainville; II, 210, 272.

Guéhouville [com. de Bellomert, cant. de la Loupe, arr. de Nogent, Eure-et-Loir. Thimerais], doyenné du Perche : 114.

Guérard (Charles-Benjamin), érudit français, 1797-1854, de l'acad. des Inscr. : 10, 17, 19, 23, 24, 25, 36, 37, 46, 145, 157, 172bis.

Guerche (la), alias la Guyerche [la Guerche-de-Bretagne, cant. de l'arr. de Vitré, Ille-et-Vil. Bretagne]; II, 96. — Maison de : Geoffroy, sgr de la Guerche et Pouancé, ép. Emmette de Châteaugontier : 98; Jeanne, ép. 1o Hugues VI de Châteaudun, 2o Robert III, cte d'Alençon : T 44, 105, 172bis; Jean II le Beau, sgr en 1450, voir Perche.

Guerdes (les) ou Querdes, voir Esquerdes et Crèvecœur; II, 140, 258.

Guérin... de Châteaudun, de Bellême, de Domfront, voir ces noms.

Guerreteau, prieuré près Mondoubleau [arr. de Vendôme, Loir-et-Cher. Vendômois]; II.

Guerrier (Hubert), recr de Tailles à Mortagne : 131.

Gui ou Guy... de Châtillon,... de Com-

H

Hastings (Angleterre), bataille ; 36, 45.

Haute-Marne (dépt de la France) ; 8.

Hauterive [com. du cant. du Mesle, Orne. Normandie], fief relt du duché d'Alençon ; 172ter.

Hauterive [anc. comm. réunie à St-Maixme, cant. de Châteauneuf, Eure-et-Loir. Thimerais, châtie de Châteauneuf] ; 154.

Harart (Georges), Me des Requêtes ; II, 127.

Havet de Neuilly (Jean-Thomas), Consr au Parlt, ssr de Montmirail et de la Bazoche ; 159.

Havise de Mons, voir Mons.

Hayes (Jacques), anglais ; II, 113, 114, 116.

Hayes (Maheus des) ; II, 239.

Heinricus, abbas — missus dominicus ; 27.

Hélie, év. de Chartres en 840 ; 157.

Hélie d'Anjou, voir Anjou.

Hélissende de Rethel, voir Rethel.

Helvise de Montdoubleau... de Châteaudun, voir ces noms.

Hemericus, Henricus de Castro-Erault, voir Châtellerault.

Hémery (Haimericus) ; II, 218.

Hénault, voir Hainaut.

Henosdière (la), alias la Hunoudière, sgrie de Marchainville ; II, 210, 211, 272.

Henri II, III, IV, rois de France, voir France.

Henri... d'Albret... d'Angleterre... du Perche, voir ces noms.

Henri le Lion, duc de Bavière ; 52.

Henri-Etienne, cte de Chartres, voir Chartres.

Henricus de Castro-Erault, voir Châtellerault.

Henry (Edme) ; II, 89.

Herbeke ; 54, voir Hollebeque

Herbert (Geoffroy II), év. de Coutances ; II, 258.

Herbert, Eveille-Chien, cte du Maine, voir Maine.

Herbert .. de Gallardon,... du Maine, voir ces noms.

Heremite Vallis, près Nogent-le-Rotrou ; II, 19.

Hermengarde, voir Ermengarde.

Hermitière (l') [com. du cant. du Theil, Orne. Perche, châtie de Bellême] ; 10, 128, 141. — *Parsse de la Sainte-Trinité de*, doyenné de Bellême ; 113.

Hérouval (Mr d') ; II, 34.

Hérouville (dame d') ; Philippe de Châteaugontier ; 98, 172ter.

Hersende de Châteaugontier, voir Châteaugontier.

Hervé,... de Châteauneuf,... de Gallardon,... de Léon,... de Mortagne,... du Perche, voir ces noms.

Hendinel (ssr de), voir Anthoine de Bourbon.

Heuze (la) [com. des Grandes-Ventes, cant. de Bellencombre, arr. de Dieppe, Seine-Inf. Normandie] ; ssr de : Jean de Sandouville ; II, 143.

Heylyn, histn anglais XVIIe s. ; 45, 50.

Hiegma, voir Huisne.

Hiesmois ; pays d'Exmes (Oxinensis pagus, Orne. Normandie] ; 18. 97.

Hildebourge, fille d'Arnoul, ép. Guill. II de Bellême ; 98, voir Bellême.

Hildegarde, ép. 1º Ernaud de la Ferté, 2º Hugues I de Châteaudun ; 20, 37, T. 44.

Hilduin IV, cte de Roucy ; 46.

Helotarius, voir Clotaire.

Hocheberg (de) Jeanne, duchesse de Longueville, mise de Rothelin, csse de Dunois, après la mort de son mari Louis I d'Orléans ; II, 202.

Hollebeque, Herbeque (probablement Holque, cant. de Bourbourg, arr. de Dunkerque, Nord. Flandre.] ; II, 54, 64.

Hôme-Chamondot (l') [Ulmus, devrait s'écrire l'Orme-C. ; com. du cant. de Longny. Orne. Perche.] ; 109, 128, 139, 141. — *Parsse Saint-Martin de*, doyenné de Brezolles ; 115.

Hongrie (de), Clémence, ép. Louis le le Hutin ; II, 251.

Honorat, mis de Cordouan et Langey ; II, 176.

Honoré III, Pape (1216-1227) ; 58,

Horrevilla ; II, 237.

Hors-le-Parc, moulin en Montigny [cant. de Tiron, arr. de Nogent, Eure-et-Loir. Perche] ; II, 90.

Hospital (de l') Michel, chancelier de France ; II, 230.

Hrodulfus, abbas ; 27.

Hrotbertus, missus dominicus en 853 ; 26.

Hubert... de Champagne,... Guerrier, voir ces mots.

Hucliers [Hucqueliers, cant. de l'arr. de Montreuil, Pas-de-Calais. Boulonnais], sgrie relevant du cte de Boulogne ; II, 164.

Hucquelière, le ssr de en 1540 : Ant. de Bourbon ; II, 162, voir Hucliers.

Hugo, témoin ; II, 218.

Hugues IV Capellus, vte de Château-dun, voir Châteaudun.

Hugues-Capet, duc et roi de France, voir France.

Hugues le Grand, duc de France, 172bis, voir France.

Hugues de Fleury, moine de Fleury, chronr XIIe s. ; 28.

Hugues (Perticae), ép. Milesende ; T. 44.

Hugues-le-Trouvère, sgr de la Ferté-Bernard ; 62.

Hugues... de Châteaudun,... de Châtellerault,... de Châteauneuf,... de Gallardon,... de Gennes,... Gouet,... Faleand,... du Maine,... de Montfort,... de Montgommery,... du Perche,... de Rethel, voir ces noms.

Huisne (Hiesma), rivière du Perche, afflt de la Sarthe ; 10, 16, 17, 43, 110 ; II, 206.

Hunoudière (la) ou Henostdière, métie en Marchainville ; II. 210, 211, 272.

Huntindon, hérault d'Angleterre ; II, 113 à 117.

Hurault de Cheverny (Philippe) ; 150 ; II, 233.

Huraye, seigrie en Hainaut ; II, 202.

Husson (de) Geoffroy, seigr de Marchainville par sa femme Alice de Melun ; II, 213, 214 ; Olivier, fils de Geoffroy, vassal de la Loupe ; II, 214, 265.

Huval (de) Vastin dit Picart, bailly du Perche et de Châteauneuf ; 122.

Huy, ville de Belgique, prov. de Liège ; II, 201.

I

Iexmes, voir Exmes.

Igé [com. du cant. de Bellême, Orne. Perche, châtie de Bellême] ; 128, 141. — Parsse St-Martin de, doyenné de Bellême ; 141.

Ile-de-France, ancien gouvt militaire ; 156.

Illiers (Illesia en Pertico, Islera) [arr. de Chartres, Eure-et-Loir Pays Chartrain] ; 12, 17, 109. — Château : 38. — Maison d', Gieffroy ; II, 89 : Guillelmus : II, 107 : Milon, év. de Chartres (1459-1492), II, 200 ; René, év. de Chartres (1492-1507) ; II, 148, 200, 259. — Parsse St-Jacques et St-Hilaire ; 12.

Imhof, généalogiste allemand, XVIIIe s. ; 52.

Inglés, alias Juglès, fief de Marchainville ; II, 210.

Ingolstadt [ville de la Haute-Bavière] ; seigr d', Louis de Bavière ; 74.

Ingorannus, Enguerrand, voir ce nom.

Innocent III, Pape, 1178-1180 ; 19.

Innocent IV, Pape, 1352-1362 ; II, 251.

Ioltz, le duc d', voir Yorck.

Irlande (d') Lafracoth, ép. Arnoul de Montgommery ; 105.

Irminon (abbé de St-Germain-des-Prés), polyptique d' ; 17, 25.

Isabeau de Luxembourg, voir Luxembourg

Isabelle... d'Aragon,... de Blois,... de Châteaudun,... de Châteaugontier,... de France,... de Mathefelon,... de Perrenay,... voir ces noms.

Isambert, jurisconsulte, XIXe s. ; II, 159.

Isemburge de Danemark (Ysemburga), ép. répudiée puis reprise de Philippe II ; II, 33.

Ile (de l'), de Insula : Nicholaus ; II, 238 ; Reginaldus ; II, 239 ; Theobaldus ; II, 237.

Isle Jourdain (l') ou Isle-en-Jourdain (l') [cant. de l'arr. de Lombez, Gers. Armagnac] ; Châtelain en 1540 : Ant. de Bourbon. — Le seigr en 1484 ; II, 258.

Ismart (Stephanus) ; II, 20.

Iton, rivière affluent de l'Eure ; 9, 21.

Islera, voir Illiers.

J

Jacobins (église des) à Paris ; 82.

Jacobs, édit. de Grég. de Tours ; 19, 24.

Jacques... de Châteaugontier,... d'Ecosse, voir ces noms.

Jamberville (Jambville) [cant. de Limay, Seine-et-Oise] ; Seigr en 1575 : A. Le Camus. — Dame : Marie le Clerc de Lesseville ; 151 ; II, 233.

Jamet, bois près la forêt du Perche ; II, 22.

Jamet, signataire d'une ch. du duc de Bret. en 1396 ; II, 98.

Janville (Yenville) [cant. de l'arr. de Chartres, Eure-et-Loir. Orléanais]. châtie du bailliage d'Orléans ; lieu d'appel des 5 baronnies du Perche-Gouet ; 163 ; II, 262.

Jarry (Stephe) ; II, 210, 272.

Jaudrais [com. du cant. de Senonches, Eure-et-Loir Thimerais, châtie de Châteauneuf] ; 154.

Jean XXIII, Pape (1410-1415) ; II, 198.

Lande-sur-Eure (la) [com. du cant. de Longny, Orne. Perche, châtie de Mortagne] ; 128, 140, 141. — *Maison de :* Guillaume de, II, 187 ; Pierre de, chr ; II, 213, 214 ; le sire Pierre de, en 1330 ; II, 195 ; Valeran de la, sénéchal de Girard de Boceio ; II, 187. — *Parse St. Jean de,* doyenné de Brezolles ; 115.

Landelle (la) [Landelles, cant. de Courville, arr. de Chartres, Eure-et-Loir. Pays Chartrain] ; II, 203, 204.

Laneré (Odo de) ; II, 238.

Langay [Langey], le mis de, voir Gordouan.

Langlois, notaire ; II, 223, 230.

Lanlaire ou Lemaire (Simon II), év. de Chartres (1357-1360) ; II, 195, 213, 263.

Lanlaye (Richardus), chane de Chartres ; II, 253.

Lansac [en Champniers, cant. et arr. d'Angoulême, Charente-Inf. Angoumois] (Frse de Souvré, dame de) : 93 [fille de Gilles de S. sgr de Souvré et Gevraise, mis de Courtanveaux, marl de France, gouvernante de Louis XIII enfant, mariée à Arthur de St-Gelais, dit de Lesignen, sgr de Lansac, morte en juin 1657.]

Laon (Lan) [Aisne. Siège principal du bailliage de Vermandois] ; II, 268. — *Ev. et duc,* en 1509 : Charles de Luxembourg ; II, 268.

Laons [com. du cant. de Brezolles, Eure-et-Loir. Thimerais, châtie de Châteauneuf] ; 155.

Larchevêque (Guillaume), ép. Jeanne, dame de Montfort : T. 44, 172bis.

Lastours (Gui de), ép. Mahaut du Perche, vve de Raymond de Turenne : T. 44, 46.

Latay (Philippus de) ; II, 240.

Latuin (saint), Latuinus, 1er év. de Séez : 23, 25.

Lau (le sgr du), en 1461 ; II, 127.

Lauge (de) ; II, 237.

Laumosnier ; II, 239.

Launet (Galier de) ; II, 238.

Launcy (dominus de) ; II, 237.

Laureius (Stephanus) ; II, 36.

Lauret (Bernard), 1er prést à Toulouse ; II, 258.

Laval [Mayenne. Maine], *pays de :* 130. — *Maison de :* Emme, dame de, fille de Guy VI, ép. 1o Robert III, cte d'Alençon, 2o Mathieu II de Montmorency, 3o Jean de Tocy :

105 ; Guy XIV, cte de Laval et de Montfort, II, 126, 138 ; Guy XV (François), cte de Laval et de Montfort, sgr de Vitré, Gaure, etc., fils de Guy XIV et de Isabelle de Bretagne, ép. Cath. du Perche : 74 ; Marie-Louise-Augustine de Laval-Montmorency, dame de Chesnebrun le François et le Normand, Beaulieu, Normandel, etc., etc. ; II, 232, 233 ; Mathieu II de Montmorency, sgr de, ayant ép. Emme : voir Montmorency.

Lavallée (Théophile), géographe fr. du 19e s. ; 169.

Lavaur [Tarn. Un des diocèses de Languedoc], l'év. de, en 1453 : Jean II Boucher ; II, 140.

Laverdy (François de), Ministre d'Etat ; II, 175.

Lavocat, Consr Me aux Comptes ; II, 183.

Leblanc ; II, 145.

Lecoy de la Marche [Richard-Albert, archiviste et historien français, né à Nemours, 1839, mort à Paris] ; II, 258.

Leczinska (Marie), ép. Louis XV : 74, 97.

Ledgarde de Vermandois, voir Vermandois : T. 44.

Lefevre : 160.

Legout ; II, 132.

Legras, not. à Paris ; II, 179.

Lemoyne ; II, 148.

Léon (Hervé de), ép. Margte de Châteauneuf ; 147. — Hervé, fils du précédent, sgr de Châteauneuf ; 147.

L'Epinois [*Henri*-Charles-Ernest, comte de Buchère de, archiviste français, né à Ste-Anne, en Senoti, Oise, 1831, † 1890] ; 16, 24, 42, 113 ; II, 6, 245, 270. — Son cartul. de N.-D. de Chartres ; II, 6, 270.

Lermite (Petrus) ; II, 238.

Lerry (Milo de) ; II, 218.

Lechacier (fagus), près Nogent-le-Rotrou ; II, 19.

Lescot (Robert), partisan anglais : 84.

Lesmaye (Catherine), aurait ép. Thomas du Perche : 57.

Lespinasse [Louis-*René* Leblanc de, archiviste et érudit français, né à Bourges 1843], édit de Guill. de Nangis : 77.

Lessart (dominus de) ; II, 238.

Lessart (Jehan) ; II, 212.

Lesseville (Charles-Nicolas le Clerc de), Intendant de Limoges, achète Authon en 1719 : 159.

Lestroust (Richard), bourgeois de Chartres ; II, 254.

Letaud (Geoffroy), fils de Hugues Perticie : T. 44.

Letbert de Châteaurenaud : 98, voir Châteaurenaud.

Leugis (de), Johannes, Jeulanus, milites ; II, 239, 244.

Levasville [anc. comm. réunie à St-Sauveur, cant. de Châteauneuf, arr. de Dreux ; Eure-et-Loir. Thimerais, châtie de Châteauneuf] : 29.

Léves (de) — Gelain ; II, 21 ; Geoffroy II, év. de Chartres (1116-1149) ; II, 216.

Leviandière (les Noes de la), du domaine de Marchainville (cant. de Longny, Orne. Perche] ; II, 211.

Lhommes, notre à Paris ; II, 179.

Libert [Docteur-médecin, sénateur de l'Orne] : 38, 43, 132.

Lice — (*Pré de la*), à Marchainville [cant. de Longny, Orne. Perche] ; II, 210, 211. — *Etang de la*, à Marchainville ; II, 209, 211.

Liège [Belgique], év. 1507-1523 : Evrard de La Marck : II, 201 ; voir Marck (la).

Liger, la Loire, fleuve ; 9.

Liger, le Loir, rivière ; II, 241.

Ligneris (les), seigrie érigée sur le bois de la Coulice, partie de la forêt de Champrond ; II, 222.

Ligneris (des) — *Famille*, bons de Brou ; 160. — *René* des, sgr de Morensays, bailly de Châteauneuf ; II, 222.

Lignerolles [com. du cant. de Tourouvre, Orne. Perche, châtie de Mortagne] ; 128, 142. — *Parsse N.-D. de*, doyenné de Corbon ; 112.

Ligny [ou Ligny en Barrois, cant. de l'arr. de Bar-le-Duc, Meuse. Barrois], comte de ; voir Valery de Luxembourg ; 86 ; II, 108.

Lille [Nord. Capit. de la Flandre], châtelaine de, en 1505 ; voir Marie de Luxembourg.

Limoges [Hte-Vienne. Capit. du Limousin], *Guy IV, vicomte de*, ép. marquise de la Marche ; 105. — *Intendant de*, le Clerc de Lesseville ; 159.

Limou (?) ; II, 223.

Limays (Philippe de), chane de Ste-Radegonde en 1292 ; II, 262.

Lincoln [Angleterre], bataille en 1217 ; 56.

Lingis (de), Hugo, prepositus Ste-Marie ; II, 217.

Liscouet, cte de, grand sénéchal du Maine, commt l'arrière-ban ; 136.

Lisiard, év. de Séez (1194-1201) ; II, 206.

Lisieux [Calvados. Normandie] ; 170.

Lisle, alias l'Isle (Guillaume de), géographe, XVIIIe s. ; 161.

Lisle, Lisle-en-Jourdain [Gers. Armagnac], comté relevt du Duché de Guyenne, comte en 1501 : Louis d'Armagnac, voir ce nom ; II, 145. — Le sgr de Lisle ou L'Isle, en 1483 : [probablt Pierre, bâtard d'Armagnac, ct de L.-en-Jourdain, vte de Gimoy, bon de Caussade, etc.] ; II, 140, 258.

Livarot (Jean de), prieur de Maison-Maugis ; II, 208.

Lobineau (dom), bénédictin du XVIIIe s. ; 89 ; II, 15, 29, 32, 95 à 97, 271.

Loches [Indre-et-Loire. Touraine] ; II, 124. — *Sgr de*, Dreux de Mello ; 66 ; II, 11.

Lognie (de), Guaco ; II, 32, voir Longny.

Loigni [Longny] (porta de), à Marchainville ; II, 206, 208.

Loir-et-Cher, départt ; 166.

Loire (Liger), fleuve et bassin ; 7, 18.

Loir (Liger), rivière ; 11, 12, 17, 166 ; II, 241.

Loisail [com du cant. de Mortagne, Orne. Perche, châtie de Mortagne] ; 128, 141. — *Parsse St-Germain de*, doyenné de Corbon ; 112.

Loisé [anc. com. réunie à Mortagne, Orne. Perche, châtie de Mortagne] ; 128, 139. — *Parsse St-Germain de*, doyenné de Corbon ; 112.

Londres, capitale de l'Angleterre ; 57.

Longniacus, voir Longny.

Longjumel, Longjumeau, sgrie en la prévôté de Paris [cant. de l'arr. de Corbeil, Seine-et-Oise. Hurepoix] ; II, 255, 257.

Longnon [historien et géographe français, membre de l'Institut] ; 116 à 118, 123, 160.

Longny (Longniacus, Luigniacus, Val en Fred ou Empré) [cant. de l'arr. de Mortagne, Orne. Perche, châtie de Mortagne] ; 6, 108, 109, 115, 125, 128, 141 ; II, 202, 203, 271. — *Baronnie* comprenant Longny, Monceaux, Moulicent, Brotz, Malétable ; 107, 108, 109, 125, 126, 139. II, 188, 200. — *Chapelle* ; II, 189. *Chartes de la B*ie ; 187. — *Election* ; 132, 156, 170. — *Fiefs* ; 140, 166 ; II, 188, 193. — *Forteresse* ; II,

265 ; Angennes (Renaud d'), II, 263, 264 ; Aunel (Marguerite d'), II, 264 ; Beaumont (Jean de), II, 211 ; Melun (Simon de), II, 263, 196 ; Melun (Gilles de) ; II, 196, 263 ; Montagu (Thomas de), duc de Salisbury, II, 190 ; Préaux (Pierre de), II, 196 263 ; Rivière (Bureau de la) ; II, 263.

Lourei (de), Johannes ; II, 36. — Guillelmus ; II, 207, voir Lonray.

Louvillier-lez-Perche (Louvilla-in-Pertico) [com. du cant. de Senonches, Eure-et-Loir. Thimerais, châtie de Châteauneuf]. — *Par*sse *Notre-Dame* ; 13, 16, 155.

Louvre (le), château à Paris ; 83. — *Tour* ; 148.

Louzière (Guynot de), maître d'hôtel du Roi ; II, 142.

Lubin, Colin et Etienne ; II, 91.

Luce (Siméon), archiviste et historien français, membre de l'Institut, né en 1833, † en 1892 ; 49, 84.

Luce (de), Guido ; II, 236.

Luçon (dame de), voir Marie de Luxembourg.

Lucie de Gennes,... de Laigle, voir ces noms.

Lugniacus, Luigniacus, voir Longny.

Luigny [com. du cant. d'Authon, Eure-et-Loir. Perche-Gouet] ; 17, 114, 161.

Lupa, voir la Loupe.

Lusignan [cant. de l'arr. de Poitiers, Vienne. Poitou], *le sire de, en 1235* ; Hugues XI, comte de la Marche et d'Angoulême.

Luxembourg [Ville et comté, puis duché et actuellt grand-duché], 2e *Maison de*, issue de celle de Limbourg : *Antoine*, cte de Brienne, Roussy et Ligny, bon d'Alluye, Brou, Rameru et Piney, sgr de Nogent-le-Rotrou. etc. (fils du connétable Louis de L., cte de Saint-Pol, et de Jeanne de Bar), † 1510 ; 159 ; II, 155, 261, 268. — *Charles*. év. et duc de Laon, † le 25 ja. 1509, frère d'Antoine ; II, 268. — *François*, cte de Martigue ; II, 150, 155. — *Françoise*, fille de Pierre II, cte de Saint-Pol, dame d'Enghien, ép. Phil. de Clèves, sgr de Ravestein ; 161 ; II, 150, 259, 260. — *Galleran, Waleran, Valery* (fils de Guy), cte de Linoy (Ligny) et de Saint-Pol, gouvr de Gênes, 1396, Grd Me des Eaux et Forêts de Fr., 1402, Grd Bouteiller 1410, gouvr de Paris 1411, connétable 1411, † le 19 août 1413,

ép. 1o Math. de Courthenay ; 2o Bonne de Bar ; 86 ; II, 108. — *Isabeau*, fille de Pierre, cte de St-Pol, ép. 1443 Charles III d'Anjou, cte du Maine ; 159 ; II, 154. — *Jacques*, frère d'Isabeau, sgr de Richebourg, consr et chamb. du roi, lieutt-gal de ses armées, chr de St-Michel et de la Toison d'Or, † le 20 août 1487, bon des Trois Baronnies (Authon, la Bazoche, Montmirail) ; 159. — *Louis*, cte de Saint-Pol, Brienne et Ligny, connétable de Fr., décapité à 57 ans, le 19 déc. 1475, fils de Pierre I, cte de St-Pol, ép. 1o Jeanne de Bar, 2o Marie de Savoie ; 126, 159 ; II, 254. — *Marie*, comtesse de St-Pol, de Conversano, de Marle et Soissons, vsse de Meaux, dame d'Epernon, Dunkerque, Bourbourg, Gravelines, Lucen, Ham, Beaurevoir, châtne de Lille, fille de Pierre II, ép. 1o Jacques de Savoie, cte de Romont ; 2o 1487, François de Bourbon, cte de Vendôme, morte le 1er avril 1546 ; 161 ; II, 148 à 154, 259 à 261, 269. — *Philippes*, cardinal, év. de Thérouenne, sgr de Nogent ; II, 92, 147, 150, 152, 154, 155. — Sgrs du Perche-Gouet ; 159. — *Valery* ou *Waleran*, voir Galleran.

Lyon [Rhône. Capit. du Lyonnais] ; 90 ; II, 160. — *Archevêque de*. Charles III d'Alençon, voir France et Perche.

Lyonnaises (les), provinces romaines ; 15, 17, 20, 110.

M

Mabile... de Bellême, .. de Châteauneuf,... de Montgommery, voir ces noms.

Mabile (Louis-Emile), édit. du Cartulaire de Marmoutiers pour le Dunois ; 11, 38, 39, 41, 43, 44, 158.

Mabillon (dom), bénédictin du XVIIe s. ; 20, 100.

Macé (Mathei boscum), bois ; II, 20.

Maceria in Pertico, voir Mézières.

Machéane (Marguerite de), vve de Pierre de Longny ; II, 196.

Mâcon [Saône-et-Loire. Bourgogne] ; II, 146, 147.

Madame (Charlotte des Nos, dame de), en 1768 ; II, 174 à 177, 186.

Madeleine-Bouvet (la) [com. du cant. de Regmalard, Orne. Perche, châtie de Mortagne] ; 128, 141. — *Par*sse *Ste-Madeleine de*, doyenné de Brezolles ; 115.

Mage (le) [com. du cant. de Longny, Orne. Perche, châtie de Mortagne]; 128, 141. — *Parse St-Germain du*, doyenné de Brezolles; 115.

Magny, les Accroissements de; 131.

Mahaut, ép. Guillaume I de Bellême; 98.

Mahaut, ép. Robert III, cte d'Alençon; 105.

Mahaut, ép. Alart III de Châteaugontier; 98.

Mahaut, ép. Geoffroy V du Perche; T. 44, 97.

Mahaut (en latin Mathildis)... d'Alençon,... d'Alluyes,... d'Angleterre,... de Bavière,... de Carinthie,... de Champagne,... de Châteaudun,... de Châtillon,... de Montgommery, voir ces noms ainsi que « Mathilde », traduction défectueuse de « Mathildis »

Maigny, Maigné, voir Maingny.

Maillebois [com. du cant. de Châteauneuf. Eure-et-Loir, Thimerais, châtie de Châteauneuf], *marquisat érigé en 1621, reg. en 1625, puis ér. en 1706, reg. en 1708*; 151, 153, 156; II, 233. — *Marquise de, en 1621*: Marie Le Clerc de Lesseville, dame de Jambville; 151. — *Mis, en 1708*: Nicolas des Marets, bon de Châteauneuf en Thimerais, cte de Bonrbonne, consr au parlt 1672, contrôleur gal des finances et ministre d'Etat 1708, † à 73 ans le 4 mai 1721. — *Mis, en 1721*: Jean-Baptiste-François des Marets, (fils de Nicolas), né en 1682, bon de Châteauneuf et de Favières, gouvr de St-Omer, envoyé extraordre, mal de France 1741, † 1762; 150, 151; II, 233.

Mailly [Mailly-Maillet, cant. d'Acheux, arr. de Doullens, Somme. Amiénois]; II, 140. — *Le sgr de, en 1483*: Jean III, chr bon de Mailly, consr et chambn de L. XI.

Maine (Cenomania, Cenomanium pagus) [Province et comté de France, capit. le Mans. Forme la Sarthe et le nord de la Mayenne]; II, 29 à 33. — *Comté* (Cenomanensis comitatus); 20, 82, 83, 90, 93, 103; II, 20, 21, 29, 30, 31, 33, 54, 64, 152, 180, 255, 257, 269. — *Anciens comtes du Mans ou du*: Herbert I, Eveille-Chien, fils de Hugues, vivait en 1090 et 1032; 20, 100. — Herbert II dit le Jeune, fils de Hugues II, † en 1062 ou 1064; 40. — Hugues I, mort vers 1010; 100. — Louis d'Anjou, bâtard du Maine, frère de Ch. IV, bon de Mézières, en Touraine, Villaines la Juhel, etc., sénéchal et gouvr du Maine, consr et chambn du roi 1482, † 1489. — *Comtes du M. de la 2e race*: Hélie d'Anjou, fils de Foulque V, cte d'Anjou, et d'Eremburge, csse du Mans, mort 1151, ép, Philippe du Perche; T. 44, 50, 60. — *Comtes de la Maison de France*: Charles II, dit le Boiteux, prince de Salerne, roi de Naples, Sicile et Jérusalem, cte d'Anjou, Provence, Forcalquier, † à 19 ans, le 6 mai 1309; 81; II, 247, 249, 255, 256; — Charles III d'Anjou, né 14 oct. 1414, cte du M., Guise, Gien et Mortain, vte de Châtellerault et Martigues, sgr de la Ferté-Bernard, gouvr de Paris 1435, gouvr de Languedoc et Guyenne 1441, † 10 avril 1472; 159; — Charles IV d'Anjou (fils de Ch. III), cte du M. et Guise, † 1481, ép. 1473 Jeanne de Lorraine, reine de Naples, Sicile, Jérusalem, csse de Provence et Forcalquier; 159; II, 255. — *Comtesse*: Louise de Savoie, née 1476, duchesse d'Angoulême régente de France, † 1531; II, 159. — *Le juge du, en 1484*: II, 258. — *Le Grand Sénéchal, en 1694*; 136, cte de Liscouet. — *Province*; 20, 116, 167, 168.

Maine et Perche, Gouvernement général; 167.

Maine-la-Juhès (voir Mayenne), baronnie; II, 146.

Maingny, alias Maigny, alias Maigné, le sr de, en 1485: Ant. de Charmesses; II, 143.

Mainterne, alias *Mainternées* [com. du cant. de Brezolles, Eure-et-Loir. Thimerais, châtie de Châteauneuf]; 153, 155.

Maire (Jehan le), consr au Parlt; II, 130.

Maison-Maugis (Mesummaugis, Domus Maugisii) [com. du cant. de Rémalard, Orne. Perche, châtie de Mortagne]; 54, 63, 64, 128, 141; II, 37, 205, 206, 208. — *Châtellenie*; 72. — *Dame, en 1305*: Alix de Châteaugontier; 72, 98. — *Parse de St-Nicolas*, doyenné de Corbon; 112. — *Prévôté*; 65, 66. — *Prieur*: Jean de Livarot: II, 208. — *Prieuré*, dépt de St-Evroult; 208.

Maitre (Léon-Auguste), né à Troyes 1840, archiviste de la Mayenne, puis de la Loire-Inf.; II, 267.

— Boson, fils de Roger ; 105 ; -
Eudes, fils de Roger ; 105 ; — Gé-
rard, fils de Bernard II ; 105 ; —
Marquise, fille d'Ald. V, ép. Guy
de Comborn ; 105 ; — Marquise,
fille de Roger, ép. Guy IV, v^te de
Limoges ; 105 ; — Ponce, fille de
Roger, ép. Wulgrain II, c^te d'Angoulême ; 105 ; — Roger de Montgommery, dit le Poitevin, ayant ép.
Almodis ; 105 ; — Sibile, fille de
Roger ; 105. — *Le c^te en 1235* :
Hugues le Brun, sire de Lusignan ;
II, 14. — *Le c^te en 1461* : Bernard
d'Armagnac ; II, 127. — *Le c^te en
1483* ; II, 141 ; Jean II de Bourbon.

Marche (de la), voir la Marck ; Erard,
év. de Chartres (1507-1523) ; II,
201.

Marche (de la), II, 258, voir : Lecoy.

Marchéville (Marchesi Villa) [com. du
cant. d'Illiers, Eure-et-Loir. Pays
Chartrain] ; 12, 109.

Marcheville-au-Perche, fief de la
Loupe en Marchainville ? ; II, 265.

Marchesi-Villa, Marchéville ; 12.

Marchesvilla-in-Pertico, Marchainville, voir ce mot.

Marck (Erard de la), év. de Chartres
(1507-23), II, 201.

Marcilly [anc. com. réunie à Igé,
Orne. Perche, chât^te de Bellême] ;
128. — *Par^sse Notre-Dame*, doyenné
de la Perrière ; 113.

Marcouville, château [en Vitray-sous-
Brezolles, Eure-et-Loir. Thimerais] ;
145.

Maréchaussée ; 136.

Marechet [Maresché, cant. de Beaumont-sur-Sarthe, arr. de Mamers,
Sarthe. Maine], Charlotte Desnos,
dame de ; II, 174 à 177, 186.

Maregny (de), Mahin ; II, 240.

Mareschallus, Nicolas ; II, 20.

Maréchal (le), Jehan ; II, 89.

Marets (des), Jean-Baptiste-François,
né en 1682, maréchal de France en
1741, marquis de Maillebois et
Blévy, b^on de Châteauneuf-en-Th.,
† 1762 ; 150 ; II, 233. — Nicolas,
m^is de Maillebois 1706, b^on de Châteauneuf 1679, c^te de Bourbonne,
cons^r au Parl^t 1672, contrôleur g^al
des fin., puis ministre d'État 1708,
† 1721 ; 151 ; II, 233.

Mareyo (de), Willelmus, miles ; II,
217.

Margon [com. du cant. de Nogent,
Eure-et-Loir. Perche, chât^te de
Nogent] ; 70, 128, 142. — *Fief de*,

20. — *Par^sse N.-D.*, doyenné du
Perche ; 114.

Marguerite, ép. Hugues V de Châteaudun ; T. 44, 60.

Marguerite... d'Alluye..., d'Angoulême..., d'Anjou..., de Châteauneuf..., de Laigle..., de Lorraine...,
de Montfort..., du Perche..., de
Provence..., de Rohan..., de Valois,
voir ces noms.

Marie... d'Armagnac..., de Bavière...,
de Brabant..., de Bretagne..., Chamaillard..., d'Espagne..., Leczinska..., de Médicis..., du Perche...,
de Ponthieu..., -Adélaïde de Savoie..,-Louise de Savoie...,-Josèphe
de Saxe..., Stuart..., -Thérèse d'Autriche..., -Thérèse d'Espagne, voir
ces noms.

Marigny, Enguerrand le Portier, chr,
sgr de, né vers 1265, Pannetier de
la Reine 1298, Chambellan de
France, c^te de Longueville 1301,
Intendant des Finances et des Bâti-
ments, Capitaine du Louvre, exé-
cuté à Montfaucon le 30 avr. 1315 ;
II, 220.

Marigny, Garnier de Trainel, s^r de M.,
voir Trainel.

Marle [cant. de l'arr. de Laon, Aisne.
Vermandois], la c^ssé en 1505 : Marie
de Luxembourg ; — le c^te en 1540 :
Anthoine de Bourbon, voir ces
noms.

Marmoutiers, abb^e de Bénédictins
[com. de Ste-Radegonde, cant. de
Tours. Indre-et-Loir. Touraine],
Cartulaire ; 11, 19, 39, 41, 43, 44,
T. 44, 102, 144.

Marne, Département ; 8, — *Rivière*
(Matrona flumen) ; 27.

Marolio (de), Johannes, canon. s.
Quintini ; II, 248.

Marolles [com. du cant. de Thiron, Eure-et-Loir. Perche, ser-
g^rie Boullay] ; 128, 142. — *Par^sse
St-Vincent*, doyenné du Perche ;
114.

Marquise de la Marche, ép. Gui de
Comborn ; 105.

Marsilly, marquise en 1708, N. des
Nos ; II, 176, 177. Voir Marcilly.

Marsolan ; II, 179, 185.

Martigues [cant. de l'arr. d'Aix,
Bouches-du-Rhône. Provence] ; le
c^te en 1507 : François de Luxembourg ; II, 150, 155.

Martin, procureur ; II, 179.

Martonne (Louis-Georges-*Alfred* de) ;
né au Hâvre 1820, prof^r d'hist. à
Draguignan, archiviste-paléographe

1343, archiv. de la Mayenne, puis de Loir-et-Cher ; 146.

Marvilla (Philippus de) ; II, 238.

Marville-Moutier-Brûlé [com. du cant. de Dreux, Eure-et-Loir. Thimerais, châtⁱᵉ de Châteauneuf] ; 155.

Marville-les-Bois [com. du cant. de Dreux, Eure-et-Loir. Thimerais, châtⁱᵉ de Châteauneuf] ; 156.

Maschefer (Robert), fils de Robert Mandeguerre : 44, T. 44.

Mas-Latrie (Jacques-Marie-Joseph-*Louis*, comte de), né à Castelnaudary 1815, archiviste-paléographe 1839, profʳ à l'Ecole des Chartes, chef de Section aux Arch. Nat., de l'Acad. des Inscr., auteur du Trésor de Chronologie ; 46, 50, 52, 57, 84, 92 ; II, 240.

Masures-le-Comte (les), ferme près Montlandon ; II, 91.

Mathelelon (Isabelle de), ép. Alart I de Châteaugontier ; 98.

Mathei Boscum (bois Macé) ; II, 20.

Mathieu, prêtre ; II, 119.

Mathieu des Champs, év. de Chartres (1240-1259) ; II, 244, 266.

Mathieu... de Coïmes..., Got..., de Montmorency, voir ces noms.

Mathilda, priorissa de Fontevrault et de Bellomer ; II, 217.

Mathilde... d'Angleterre..., de Bavière, voir ces noms. Voir : Mahaut.

Matronæ flumen, voir Marne.

Mattanvilliers [anc. com. réunie à Fessanvilliers, cant. de Brezoll , Eure-et-Loir. Thimerais ; sergⁱⁱᵉ de Brezolles] ; 155.

Maubuisson [abbᵉ de filles, Ordre de Cîteaux, en St-Ouen-l'Aumône, cant. de Pontoise, Seine-et-Oise. Vexin Français] ; II, 53, 83.

Mauclerc (Pierre de France-Dreux dit), comte ou duc de Bretagne par sa femme Alix, mort au retour de Terre-Stᵉ, mai 1250 ; 60, 62, 76, 77, 121 ; II, 13, 14, 18, 24, 28, 29.

Maulde de la Clavière (Marie-Alphonse-*René* de), né à Flotin, Loiret, 1848, archⁱˢᵗᵉ-paléographe, 1870, lic. en dr., sous-préfet, lauréat des Acad. Française et des Inscr. ; II, 147.

Mauny (de) Pierre, Petrus de Malo-Nido, miles ; II, 194, 262.

Mauparent, Colinus ; II, 238.

Maupeou (René-Nicolas de), né à Paris, 1714, chancelier de Fr., 1768, † 1792 ; II, 184.

Mauri Silva ; II, 20, 22, voir Maurissure.

Maurissure ou *Mauriseure*, Mauri Silva, bois entre Nogent-le-Rotrou et Riverai ; 70 ; II, 20, 22, 88.

Mauritania, voir Mortagne.

Maury, Dirʳ des Arch. Nat. ; 9, 24.

Maures (Mauvæ, Manvæ, Mames) [com. du cant. de Mortagne, Orne. Perche, châtⁱᵉ de Mortagne] ; 54, 63, 65, 70, 76, 78, 80, 82, 95, 128, 141 ; II, 21, 33, 37 à 39, 42, 43, 54, 55, 64, 233. — *Château* ; 57, 65, 72, 84 ; II, 81, 82, 223. — *Four* ; II, 45. — *Paroisses de St-Pierre et St-Jean*, doyenné de Corbon ; 112. — *Prévôté* ; 65 ; II, 34.

Mayenne, Mayenne-la-Juhes ou Maine-la-Juhée [ville du Dᵗ de la Mayenne. Maine] ; II, 146, 255, 257. — *Le comte de* (Miduensis comes) ; II, 230. — *Duché*, érigé en 1573 ; II, 176. — *Juhel de*, ép. Adèle de Bellême ; 105.

Méaucé [com. du cant. de la Loupe, Eure-et-Loir. Perche ; serⁱᵉ Boullay] : 128, 142. — *Colinet de*, écʳ ; II, 265. — *Passe St-Léonard de*, doyenné du Perche ; 114.

Meaux (Meauls) [ville de Seine-et-Marne Brie]. — *Bailly* en 1485 : de Vest ; II, 140, 143. — *Comté* ; II, 165. — *Ev. en 1391 :* Pierre Fresnel ; 107. — *Vicomtes*, en 1505 : Marie de Luxembourg ; en 1540 : Antoine de Bourbon.

Médène (Geoffroy de), ép. Mahaut d'Alluye ; 158.

Médicis (de) Catherine, 21ᵉ cᵗˢˢᵉ du Perche, ép. Henri II, roi de France ; 74, 97 ; II, 230. — Marie, ép. Henri IV, roi de France ; 74, 93, 97.

Mediolano (Gorrandus de) ; II, 262.

Meigret (Reynaldus du), chanⁿᵉ du Mans ; II, 249.

Melciaco (Guillelmus de) ; II, 20.

Melleray (Melerium) [com. du cant. de Montmirail, Sarthe. Perche-Gouet] ; 161 ; II, 236. — *Guillaume de* ; II, 89.

Mellicourt (Guillaume de), sgr de Brezolles ; 148.

Mello, Mellotum (Dreux de), sgr de Loches et de Châtillon-sur-Indre, mort en Chypre, 1248, ayant ép. Isab. de Mayenne ; 66 ; II, 11.

Melun (Melegdunum, Meledunum, Meleun) [ville de Seine-et-Marne divisée par la Seine en deux parties : l'une du Gâtinais et l'autre de Brie] ; 58, 77 ; II, 7, 8, 18. — *Comté* ; II, 165, 167. — *Maison de :* Alice, dame de Marchainville, veuve de Simon de Coutes en 1360, ép. Geoffroy de Husson ; II, 212, 213, 265 ; — Gilo (Gilles), fils de Simon, chr, ép. Anne de la Salle ; II, 209 à 214, 263, 272 ; — Marie, ép. Jacques de Chabannes, sgr de la Palice, maréchal de France, dame des baronnies de Authon, la Bazoche, Montmirail ; 160, 162 ; II, 262 ; — Guillaume VI, arche de Sens ; II, 251 ; — Simon, chr, sgr de la Salle, Viesvy, la Loupe et Marchainville, croisé en 1269, sénéchal de Périgord, Quercy et Limousin avt 1291, maréchal de Fr. avt 1293, tué à Courtray le 11 juil. 1302 ; II, 196, 209, 212, 263, 264. — *Paix en 1412*, 86. — Seigneurs de Marchainville, 109 ; du Perche-Gouet, 159 ; de la Loupe, 164.

Menonvilliers (de), Herbertus ; II, 218.

Menus (les) [com. du canton de Longny, Orne. Perche, châtie de Mortagne], 128, 141. — *Parsse Saint-Laurent*, doy. de Brezolles ; 115.

Mereyo (de), Willelmus miles ; II, 217.

Merlay (de), Monsr Robert ; II, 88.

Merlet (*Lucien-Victor-Claude*), né à Vannes, 1827, archiviste d'Eure-et-Loir. — *Dicte topographique* d'Eure-et-Loir ; 10, 11, 12, 16, 17, 24, 42, 47, 55, 113, 152. — *Notice sur la baronnie de Châteauneuf*, 144, 145 à 150, 158 ; II, 245. — *Cartul. de N.-D. de Chartres* ; 6, 270.

Merly, châtie près Gallardon ; II, 152.

Mesle (le) [cant. de l'arr. d'Alençon, Orne. Normandie] ; 53.

Mesnière (la) [com. du cant. de Bazoches-s.-Hoëne, Orne. Perche, châtie de Mortagne] ; 128, 140. — *Monsieur de*, lieut gal crim. du Perche, 123 (André de Puisaie) — *Parsse St-Gervais de*, doy. de Corbon ; 112.

Mesnillio (de), Johannes ; II, 239.

Mesnil-Thomas (le) [com. du cant. de Senonches, Eure-et-Loir. Thimerais, châtie de Châteauneuf] ; 155, 156.

Mesme ; II, 141.

Meuil ; II, 95.

Meulan, alias Meulant [cant. de l'arr. de Versailles; Seine-et-Oise. Mantois]. Comté : II, 166, 171.

Meun (de), Huetus ; II, 238.

Mézières-au-Perche (Maceria in Pertico) [com. du cant. de Brou, Eure-et-Loir. Perche-Gouet] ; 12, 17, 161.

Mézières [com. du cant. de Dreux, Eure-et-Loir. Thimerais] ; 155.

Mialte (le) ; II, 212.

Miermaigne [com. du cant. d'Authon, Eure-et-Loir. Perche-Gouet] ; 161.

Milesende, dame de Nogent, fille de Rotrou, ép. Geoffroy II ; 30, 37 ; T. 44.

Milesende, ép. 1° Geoffroy, cte de Châteaulandon ; 2° Hugues Perticæ ; T. 44.

Miles ou Milon d'Illiers, év. de Chartres (1459-1492) ; II, 200.

Milliaco (de), Petrus, miles ; II, 243.

Minancourt (de), Gilo et Nivardus, milites ; II, 217.

Minci (de), Pierre II, év. de Chartres (1260-1276) ; II, 190, 191, 193, 245 à 247.

Mirchen (de), Radulphus ; II, 218.

Mittainvilliers [com. du cant. de Courville, Eure-et-Loir. Thimerais] ; 54, 153, 155.

Mochart, Odinus ; II, 237.

Mochet, Guillelmus ; II, 239.

Moine (Lubin le), procr de Mme d'Ailuye ; II, 252.

Moinet ; II, 206.

Molandum, voir *Montlandon*.

Molendinum, Molendinæ, Molinæ, voir Moulins.

Molins (de), Oudart ; II, 107.

Monceaux [com. du cant. de Longny, Orne. Perche, châtie de Mortagne], 109, 113, 128, 141. — *Parsse St-Jean de*, doy. de Brezolles ; 115.

Monceaux-la-Poterie, village détruit, réuni à Fontaine-la-Guyon [cant. de Courville, Eure-et-Loir. Thimerais] ; 153, 156.

Monçon (Renaud de Bar de), év. de Chartres (1182-1217).

Mondonville, le prieur de, Guillaume Lainé ; 107 ; 154.

Mondoubleau [cant. de l'arr. de Vendôme. Loir-et-Cher. Vendomois] ; 11, 35. — *Baron en 1560*, Ant. de Bourbon. — *Baronnie*, 143. — *Collégiale de Ste-Marie*, 38. — *Héloïse de*, ép. Geoffroy IV de Châteaudun ; T. 44, 60.

Mondoucet, voir Montdouret.

Mongny (le seigr de) ; II, 223.

Mongreville, Jocelinus ; II, 21.

Montleiscent ; II, 204, voir Moulicent.

Monnecourt, terre et sergrie ; II, 136.

Monnier ; II, 212.

Mons (de), Harvise, ép. Enguerrand

gontier ; 60, 98 ; — Mathieu II, fils de Bouchard V, ép. 1º Gertrude de Soissons, 2º Emme de Laval ; connétable de France, sgr de Laval ; 64, 66, 69, 105 ; II, 12, 14, 17, 19. — Mathieu, sgr d'Attichy, fils de Mathieu II, ép. Marie de Ponthieu, veuve de Simon de Dammartin ; 105 ; — Marie-Louise de M.-Laval, voir Laval.

Montpensier [cant. d'Aigueperse, arr. de Riom, Puy-de-Dôme. Auvergne] ; — *Le duc de,* en 1564 ; II, 130 ; Louis de Bourbon.

Montreil ; II, 223 [Montreuil, voir ce mot].

Montrésor [cant. de l'arr. de Loches, Indre-et-Loire. Touraine]. — *Le marquis* av¹ 1678, Paul-Louis, duc de Beauvilliers ; II, 175.

Montreuil, abbsse de, vers 1152 : Agnès de Ponthieu ; — *Seigr,* Guill. de Ponthieu ; 102, 105.

Montreuil, Monstereul. au duché d'Alençon [Montreuil-l'Argillé. cant. de Broglie, arr. de Bernay. Eure. Normandie] ; II, 131, 151, 156, 223.

Montrichard [cant. de l'arr. de Blois, Loir-et-Cher. Blésois] ; II, 112.

Montrion ; II, 212.

Mont-Saint-Michel [cant. de Pontorson, arr. d'Avranches, Manche. Normandie] ; 99.

Montviller, Montvilliers ; II, 154 ; II, 162 [formes vicieuses pour Nonvilliers, voir ce mot].

Mordant Hubertus ; II, 218.

Moreau (Robin) ; II, 90.

Moreau de Beaumont (Jean-Louis), consr d'État, Intendant des Finances ; II, 175.

Morcherius ; II, 218.

Morensays [Morancez, cant. de Chartres-sud, Eure-et-Loir. Pays Chartrain]. — *Le sgr* en 1517, René des Ligneris ; II, 222.

Moret ou Moret-sur-Loing, cant. de l'arr. de Fontainebleau, Seine-et-M. Gâtinais] ; II, 165, 223 ; — *Châtie, Prévôté,* II, 223.

Morice (Dom), Bénéd. du XVIIIe s. ; 77, 84 ; II, 32.

Morissure, voir Maurissure.

Mortagne (Mauritania) [chef-lieu d'arrt, Orne, Capitale du Perche] ; 41, 46, 63, 65, 76. 78, 82, 83, 95, 128, 141 ; II, 33, 37 à 39, 48, 50, 64, 93, 103 ; — *Arrondissement ;* 140, 166 ; — *Bailliage ;* 123 ; — *Bataillon de milice ;* 138 ; — *Cahiers du Tiers-État ;* 170 ; —

Canton ; 141 ; — *Château ;* 47, 54, 57, 72, 84, 88 ; — *Châtellenie ;* 96, 108, 118, 128 ; II, 81, 82, 103, 223 ; — *Comté de,* ou de Corbon ; 5, 41 à 43, 100, 116, 117, 120 ; — *Doy.,* liste des parsses ; 112 ; — *Eaux et Forêts ;* 134 ; — *Élection ;* 131, 132, 139, 140 ; — *Grenier à sel ;* 133 ; — *Gouvernement* milre ; 136 ; — *Maréchaussée ;* 137 ; — *Paroisses* N.-D., St-Malo, St-Jean, doy. de Corbon ; 112, 139 ; — *Prévôté ;* 65 ; II, 34 ; — *Seigneurs et dames de ;* Elvise (Eleusie, Helvise), fille de Fulcoïs, dame de..., ép. Geoffroy III de Châteaudun ; T. 44, 30, 38, 41, 97 ; — Fulcoïs (Fulcuich, Foulques), 2e cte ; T. 44, 30, 37, 39, 41, 97 ; cto du Corbonnais ; 41 ; — Geoffroy 1er (?) 37 ; — Geoffroy, 3e cte, 4e vte de Châteaudun, 3e seigr de Nogent, ép. Elvise de Mortagne ; T. 44, 30, 37, 38, 40, 41, 43 ; — Geoffroy IV, fils de Rotrou II, 5e comte, 5e seigr de Nogent, 1er cte du Perche, ép. Béatrice de Roucy ; T. 44, 28, 30, 39, 40, 42 à 47, 60, 62, 97, 102, 119 ; — Henri du Perche, victe, fils de Rotrou IV ; T. 44, 51. — Hervé, 1er cte ; 18, 27, 30, 36, 37, 39, 41, 97, 172bis ; — Jean-sans-Terre d'Angleterre, voir Angleterre ; — Rotrou II, 4e comte, 4e sgr de Nogent, 6e vte de Châteaudun, fils de Geoffroy III de Châteaudun, ép. Adèle de Bellême ; T. 44, 30 à 45, 60, 62, 97, 99, 105 ; — Guérin de Domfront, sgr de, 39 ; — *Vicomté ;* 123 ; — *Le doyen en 1291* (Mauritaniæ decanus) : II, 45.

Mortain [ville, Manche. Normandie] ; Comté ; 117 ; — *Le comte de ;* Robert, frère utérin de Guill. le Bâtard ; 105.

Morville (Nicholaus de) ; II, 238.

Morvilliers [com. du cant. de la Ferté-Vidame, Eure-et-Loir. Thimerais, châtie de la Ferté-Vidame] ; 13, 16, 155 ; — *Jean de,* év. d'Orléans (1552-64) ; II, 230.

Moseleyo (Ascelinus de), miles ; II, 217

Mote, le seigr de la ; II, 212.

Moto-Rosset ; II, 20.

Motte (la) ; II, 210.

Motte (la) ; le sire de, en 1369 : II, 213 ; Johan de Beauvilliers.

Motte-d'Iversay (la) [anc. com. réunie à l'Hôme-Chamondot, cant. de Longny, Orne. Perche ; — *Châtel-*

lenie ; 109, 110, 125, 126, 128, 139, 140, 166 ; — *Paroisse* ; 113 ; — *Seigneur en 1558* : Esprit de Harville ; 110.

Mottereau [anc. com. réunie à Brou, Eure-et-Loir. Perche-Gouet] ; 161.

Mouchet (Nicholaus) ; II, 238.

Moucheté ; II, 21.

Moulhard [com. du cant. d'Authon, Eure-et-Loir. Perche-Gouet] ; 161.

Moulicent (Montlicent) [com. du cant. de Longny, Orne. Perche] ; 107, 109, 128, 140, 141 ; II, 187, 204 ; — *Par^sse St-Denis*, doy. de Brezolles ; 115 ; — *Prieuré* ; II, 204.

Moulins-la-Marche (Molinæ, Molendinæ) [cant. de l'arr. de Mortagne, Orne. Normandie] ; 49, 51 à 53, 56, 58, 103, 104, 117, 140 ; II, 8, 20, 46 à 48, 50, 51, 54, 65, 81, 223 ; — *Forêt* ; 83.

Moulins [Allier. Bourbonnais] ; II, 170, 174.

Moussonvilliers [com. du cant. de Tourouvre, Orne. Thimerais, châtie de la Ferté-Vidame] ; 155.

Moustreul, vicomté [sans doute Montreuil-l'Argillé ; Eure, voir ce mot] ; II, 151, 156.

Mousteris ; II, 20 [Moutiers-au-Perche, voir ce mot].

Moutiers-au-Perche, ancienn^t Corbion [com. du cant. de Rémalard, Orne. Perche, châtie de Mortagne] ; 16, 128, 141 ; II, 20 ; — *Cartulaire* ; 146 ; — *Par^sse N.-D.*, doy. de Brezolles ; 115 ; — *Prieuré* ; 146.

Moy [ou Moy de l'Aisne, cant. de l'arr. de St-Quentin, Aisne. Vermandois] ; *le marquis de en 1759* : Antoine Crozat ; II, 232.

Moyenville [Moyenneville, cant. de St-Just, arr. de Clermont, Oise. Beauvaisis] ; II, 105.

Mureau [métairie en Marchainville] ; II, 210.

Murs (Marc-Athanase-Parfait OEillet des), maire de Nogent, historien du Perche, XIXe s. ; 27, 28, 36 à 40, 45 à 48, 54, 73 ; II, 6, 270.

N

Naugis (Guillaume de), moine de St-Denis, chron^r du XIIIe s. ; 65, 76, 77.

Nantolio (liberi de) ; II, 235, 236.

Naples [Italie], roi : Charles II le Boiteux, c^te d'Anjou, voir Anjou.

Navarre [ancien royaume divisé en Haute-Nav., cap. Pampelune, réunie à l'Esp. en 1512, et Basse-Nav., cap. St-Jean-Pied-de-Port, aujourd'hui réunie à la France] ; — *Maison de* : Antoine de Bourbon, roi ay^t ép. Jeanne d'Albret ; 152 ; II, 161, 162 ; — Bérengère (Berangaria), fille de Sanche VI, ép. Richard Cœur de Lion, roi d'Angl. ; 56, 60, 62, 66, 67, 69 ; II, 9, 11, 12, 13, 19 ; — Blanche, fille de Garcias Ramirez, reine de Castille, ay^t ép. Sanche III de Castille ; 60 ; — Blanche, fille de Sanche VI, roi, ép. Thibaut III de Champagne, c^te de Troyes ; 58, 60 à 62, 66 à 69, 73 ; II, 9 à 17 ; — Garcias Ramirez, roi, ép. 1o Marg^te de Laigle ; 48, 60 ; — Henri II d'Albret, roi, fils de Jean d'Albret, ép. Marg^te d'Angoulême ; 74, 91, 92 ; II, 161 ; — Jeanne, fille de Charles II, roi, ép. Jean de Montfort, duc de Bretagne ; II, 95 ; — Jeanne, fille de Henri I, roi, reine de France ay^t ép. Phil. IV le Bel ; 74, 97 ; — Marguerite de Laigle, reine, ay^t ép. Garcias Ramirez ; 48, 58, 60 ; II, 9 ; — Philippe, c^te de Bar et Longueville, ép. Yolande de Flandres ; II, 251, 252 ; — Pierre, c^te de Mortain, fils du roi Ch. le Mauvais, ép. Cath. d'Alençon ; 74 ; — Sanche VI, roi (Sancius) ; 60 ; II, 9 ; — Sanche de Castille, reine, ay. ép. Sanche VI ; 60 ; — Thibaut III, c^te de Champagne, roi, ay^t ép. Blanche de N. ; 54, 60 ; II, 10, 13 ; — Thibaut IV de Champagne, roi ; 60, 63, 67, 69 à 71 ; II, 10, 19, 22 à 24, 28, 32, 267.

Nemours [cant. de l'arr. de Fontainebleau, Seine-et-Marne. Gâtinais] ; *Duché-pairie* ; II, 145, 146 ; — *Messieurs de N.* et Guise en 1491 ; II, 258 ; Jean et Louis d'Armagnac ; — *Le duc en 1501* : c^te de Guise, pair de France ; II, 145, 146 : Louis d'Armagnac ; — *Le duc et la duchesse en 1503* : Pierre de Rohan et sa femme Marg^te d'Armagnac ; II, 146 ; — *La duchesse en 1525* : II, 159 ; Louise de Savoie, voir ces noms.

Nerra (Foulques), c^te d'Anjou ; 98, voir Anjou.

Neubourg (le) (Novumburgum) [cant. de l'arr. de Louviers, Eure. Normandie] ; — *Seigneur* : Henri de Beaumont ; T. 44, 46, 50 ; — *Baron en 1169* : Geoffroy ; 50.

Neufmanoir, le s^gr de, en 1600 : Jean de Vauloger ; 150.

Neuilly-sur-Eure, jadis Nully [com. du cant. de Longny, Orne. Perche, châtie de Mortagne]; 128, 141; — *Parsse de St-Germain*, doy. de Brezolles; 115.

Neustrie; 18, partie nord-ouest de la France sous les Mérovingiens.

Neuville-aux-Bois (Novilla) [cant. de l'arr. d'Orléans. Orléanais]; II, 33, 34.

Nevel, signataire en 1335; II, 87.

Nevers [Nièvre. Cap. du Nivernais]; — *Maison de* : Agnès, fille de Hervé de Donzy et de Mahaut de Courtenai, cesse de Nevers, ép. Guy de Châtillon-St-Pol: II, 240, 241; — Agnès, fille de Guy, ép. Pierre de France, sgr de Courtenai; II, 235; — Charles I de Bourgogne, cte de N.; II, 126; — Eudes de Bourgogne, cte de N., ayt ép. Mah. II de Nevers; 160; II, 244, 245; — Hervé IV, bon de Donzy, cte de Nevers et d'Auxerre, ayt ép. Mah. de Nevers; II, 235. 240. 241; — Mahaut, fille de Pierre de France, ép. Hervé de Donzy; II, 235; — Pierre de France, cte de Nevers, ayt ép. Agnès de Nevers; II, 235; — Robert de Dampierre, cte de Nevers, ayt ép. Yolande de Bourgogne, cesse de Nevers; II, 246, 247, 251; — Yolande de Bourgogne, cesse de Nevers, fille de Eudes, ép. 1o Jean-Tristan de France, 2o Robert de Dampierre; 160; II, 245, 246, 247; — *Ducs*: Charles et Louis de Gonzague, voir Gonzague.

Nicolas I du Bosc, év. de Bayeux (1375-1408); II, 107.

Nicolay (Aimar-Charles de), 1er Prést aux Comptes; II, 183.

Nithard, petit-fils de Charlemagne, chroniqueur, Xe s.; 8.

Nivernais [Duché ayt pour cap. Nevers] *(Le duc de)*, en 1607; 149, 150, 152; Louis de Gonzague.

Noblerie (la), métairie; II, 210, 211, 272.

Nocé [cant. de l'arr. de Mortagne, Orne. Perche, châtie de Bellême; 128, 141; — *Parsse St-Martin*, doy. de Bellême; 113.

Noé (François, seigr de la) et de Longny en partie, par sa femme Madee de Châteaubriand; II, 201.

Nogent-le-Rotrou (de Retro), Novigentum, Nugantus, Nogent-le-Béthune, Enghien-le-François [ville, Eure-et-Loir. Perche]; — *Arrt*; 149, 166; — *Aumône*; II, 88; — *Baronnie*; 70, 79, 104, 114; II, 161 à 164; — *Canton*; 142; — *Château, châtellenie*; 47, 54, 69, 73, 85, 117, 119, 129; II, 19, 87, 92, 141; — *Doyenné de N. ou du Perche*; voir Perche; — *Élection*; 132; — *Grenier à sel*; 133; — *Paroisses N.-D., St-Hilaire, St-Laurent*; 114; — *Prévoté*; 137; — *Prieuré de St-Denis*; voir St-Denis; — *Ressort*; 83, 90; — *St-Jean*; église et chantrerie; II, 20, 88; — *St-Ladre*; II, 88; — *Seigneurie*; 5, 41, 43, 72, 79, 81 à 83, 88, 89, 100; II, 84, 86, 93, 107, 108, 121 à 124, 145 à 156, 163, 164, 255 à 258, 266; — *Territoire*; 34, 69, 86, 120; II, 88, 129, 141; — *Vignes*; II, 88; — *Ville*; 57, 82, 130, 137, 142; II, 19, 107, 108; — *Seigneurs*, en 1514: Anthoine de Bourbon, 152; II, 161, 162; — en 1459: Charles IV d'Anjou, voir France et Perche; — dame en 1509: Charlotte d'Armignac; II, 268; — dame: Emmette de Châteaugontier; 72, 98; — Geoffroy de Châteaudun, 2e sgr, ay. ép. Milesende; 30, 37, 41, 43; T. 44; — Geoffroy, fils du précédent, 3e sgr, 4e vte de Châteaudun, 3e cte de Mortagne, ayt ép. Elvise; T. 44, 30, 37, 38, 40, 41, 43; — Geoffroy, 5e seigr, 1er cte du Perche, voir Perche; — Guérin de Bellême, fils bâtard de Guill., sgr de Domfront, prétendu sgr de Nogent; 39, nte 2, voir Domfront; — Jacques de Châteaugontier, voir Châteaugontier; — Jean I le Roux, duc de Bretagne, voir Bretagne; — Jeanne de Bretagne, dame de Cassel et de Nogent; 83; II, 87; — Milesende, fille de Rotrou, ép. Geoffroy II de Châteaudun; 30, 37; T. 44; — Philippe, cardl de Luxembourg, voir Luxembourg; — Rotrou I, sgr de Nogent, père de Milesende; 27, 30, 36, 37; T. 44; — Rotrou II de Châteaudun, 4e sr de N., voir Châteaudun.

Nogent-le-Bernard [com. du cant. de Bonnétable, Sarthe. En partie du Maine et du Perche, châtie de Bellême]; 20, 128, 142; — parsse du diocèse du Mans; 115.

Nonains (bois des) [anct: bois de Trahans, en l'Hermitière, Orne. Perche]; 10.

Nonancourt [cant. de l'arr. d'Evreux, Eure. Normandie]; 17.

Nonvilliers (Nonvilliers-Grand-Houx,

Longum-Villare, Montvilliers) [com. du cant. de Thiron, Eure-et-Loir. Perche, châtie de Nogent]; 27, 28, 34, 69, 70, 73, 114, 128, 142; II, 154, 162; — *Bois*; II, 90; — *Châtellenie*; 72, 79, 81, 85; II, 20, 21, 90, 107, 149, 150, 164; — *Par⁴⁴ St-Anastase*, doy. de Brou; 114; — *Prévôté*; 154.

Normandel [com. du cant. de Tourouvre, Orne. Thimerais, sergie de Brezolles; 153, 155; — dame de, en 1759: Marie-Louise de Montmorency-Laval; II, 232, 233.

Normandie [France, cap. Rouen]; — *Duché*; 51, 56, 58, 104, 116, 132; II, 164; — *Fiefs*; 117; — *Province*; 21, 49, 56, 140, 146, 147, 167, 168; II, 104; — *Ducs*; Guillaume le Conquérant ou le Bâtard; 43, 45, 101, 103, 105, 144; — Guillaume Longue-Epée: 116; — Henri I et II, rois d'Angleterre, voir Angleterre; — Richard I; 28, 36; — Richard II; 100; — Robert II Courteheuse; 43, 101, 144; — Rollon; 116; — *Sénéchal de*, en 1458: Pierre de Brézé; II, 111.

Nos (des), voir Desnos.

Notre-Dame de Chartres; — *Cartulaire de*; 39; — *Polyptique*; 12.

Nouyon [Noyon, cant. de l'arr. de Compiègne, Oise. Vermandois]: II, 255, 257.

Novilla [Neuville-aux-Bois, cant. de l'arr. d'Orléans. Orléanais]; II, 33, 34.

Noyelles [Noyelle-en-Chaussée, cant. de Crécy en Ponthieu, arr. d'Abbeville, Somme. Ponthieu, ou Noyelles-sur-Mer, voir ci-dessous]; — *Le sgr de*, en 1184: Guy de Ponthieu; 105.

Noyelle-sur-la-Mer [Noyelles-sur-Mer, cant. de Nouvion en Ponthieu, arr. d'Abbeville, Somme. Ponthieu]; — *Dame*, en 1551: Jacqueline de Rohan; II, 203.

Nugantus; 18, Nogent-le-Rotrou, voir ce mot.

Nully, voir *Neuilly-sur-Eure*.

O

Odo, Eudes; 36; voir Eudes et Odon.

Odolant-Desnos, érudit alençonnais (1722-1801); 8, 12, 13, 18, 23, 30, 41, 43, 53, 75, 80, 84, 85, 87, 89, 90, 92, 93, 104, 132, 144, 145; II, 122, 132, 268.

Odon (Odo), duc de Bourgogne: 49.

Oise, Ysara, riv., aff⁴ de la Seine; II, 43.

Oisel (Reginald); II, 21.

Oisy [Oisy-le-Verger, cant. de Marquion, arr. d'Arras, Pas-de-Calais, Artois; — *Jean d'*, cte de Chartres, ayt ép. Isab. de Blois, csse de Chartres; 67; II, 8, 10, 16, 21; — *Le sgr*, en 1540: Ant. de Bourbon, 152; II, 161, 162

Olivier d'Aché, sgr de Brezolles; 148.

Olivier de Husson; II, 214, 265.

Olivyer (François), notre à Pontgouin; II, 203.

Oraine du Perche, fille de Rotrou IV, religieuse à Belhomer; T. 44, 52.

Oratorium in Pertico; 12 [Orrouer, voir ce mot].

Orbandelle (tour), au Mans; 20; II, 152.

Orbec [ou Orbec-en-Auge, cant. de l'arr. de Lisieux, Calvados. Normandie]; vicomté donnée à René d'Alençon; II, 136, 207.

Orderic Vital, chroniqueur du XIIe s., voir Vital.

Ordone (de), channe de Chartres en 1312; II, 210.

Origny-le-Roux [com. du cant. de Bellême, Orne. Perche, châtie de la Perrière; 128, 141; — *Par⁴⁴ St-Pierre*, doy. de la Perrière; 113, tabl. alph.

Origny-le-Butin [com. du cant. de Bellême, Orne. Perche, châtie de la Perrière]; 128, 141; — *Par⁴⁴ de St-Germain*, doy. de la Perrière; 113, tabl. alph.

Orléanais [province de France, cap. Orléans]; 7, 18, 167, 168.

Orléans (Aurelia) [Loiret. Cap. de l'Orléanais]; 27; II, 33, 34, 112, 268; — *Bailliage*; 163; II, 262; — *Evêques*: Jean IX d'Orléans (1521-1523): II, 202; — Jean X de Morvillier (1552-1564); II, 230; — *Généralité*: 132, 138, 140, 164, 167; — *Maison de France, branches d'*; Charles de France, duc d'O., fils de Louis I d'O.; 163; II, 126; — Charles, duc, fils de Jean, cte d'Angoulême, ép. Louise de Savoie; II, 140, 141; — Charles, duc, fils de Louis I, cte d'Angoulême, ép. Isabelle de France, veuve de Richard II, roi d'Angleterre; II, 104; — Charlotte, fille de Louis, ép. Philippe de Savoie, duc de Nemours; II, 202; — Claude, duc de Longueville, cte de Portien, fils de Louis I; II, 202; — François I, cte de Dunois et Longueville, fils de Dunois, ép. Agnès de Savoie;

II, 258; — François II, duc de Longueville, fils de Fr. I, ép. Fse d'Alençon; 74; II, 153; — François III, duc de Longueville, fils de Louis II et de Marie de Lorraine; II, 202; — François, fils de Louis I et de Jeanne de Hocheberg, ép. Jacque de Rohan; II, 202, 203; — Françoise, fille de Fr. et de Jacque de Rohan, ép. Louis I, prince de Condé; II, 203; — Jean, dit le Lion, cte d'Angoulême, fils de Louis, ép. Margte de Rohan; II, 126; — Jean, arche de Toulouse, év. d'Orléans, sgr de Boisgency et de Longny, fils de Fr.; II, 202; — Jeanne, fille de Ch., ép. Jean II d'Alençon, cte du Perche; 74, 97; II, 104; — Léonor, duc de Longueville, fils de Fr.; II, 203; — Louis I, duc de Longueville, mis de Rothelin, fils de Fr. I, ép. Jeanne de Hocheberg; II, 201; — Loys II, duc de Longueville, fils de Louis I, ép. Marie de Lorraine; II, 202; — Le bâtard d'Orléans : Jean, cte de Longueville et Dunois, né 1392, † 1470; II, 111, 126, 127; — *Siège en 1429*; 87.

Orne, département; 140.

Orrais (Hubertus de); II, 239.

Orrouer (Oratorium in Pertico) [com. du cant. de Courville, Eure-et-Loir. Pays-Chartrain]; 12.

Ortai (Petrus d'); II, 239.

Osanna, flumen, l'Ozanne; 158.

Osbertus; 26.

Ostie [Italie], évêque en 1390 : Philippe d'Alençon; 74, 84; II, 100 à 103.

Othon, duc de Bourgogne, 2e fils de Hugues le Grand; 172bis.

Ouche, archidiaconé [Normandie]; 115.

Oudart [ou plutôt Odart], Françoise, dame de Longny, ép. Théaulde de Châteaubriant; II, 200.

Oximensis pagus [pays d'Exmes]; 17, 18, 19, 23, 25.

Ozanne (Osanna), riv. d'Eure-et-Loir; 158.

Ozeray, historien (1764-1859); 36.

P

Pachou (Jehan), bourgeois de Chartres); II, 254.

Paganus (Payen ou Péan), prévôt de Bellême; 119.

Païen (Rog.); II, 237.

Paige (le) [chanoine du Mans, auteur d'un Dictre hist. du Maine paru en 1777]; 172bis.

Paigné (Jean), avt en la Cour de l'Official de Séez; II, 208.

Palaiseau [cant. de l'arr. de Versailles, Seine-et-Oise. Hurepoix]; — Sgr, en 1558 : Esprit de Harville, 110.

Palisse (la) [généralement écrit jadis *la Palice*; arr. de l'Allier. Bourbonnais]; — *Le sgr de*; II, 262; [Jacques II de Chabannes, Grand-Maître de France, gouvr de Milan, maral de France 1515, chr de l'Ordre, gouvr de Bourbonnais, etc., † à Pavie, 24 fév. 1525].

Palerme [Sicile], arch. en 1140 : Etienne du Perche; T. 44, 50.

Paléologue, — Guillaume VII, mis de Montferrat, ép. Anne d'Alençon, 74, 91; Marguerite, mse de Montferrat, fille de Guill., ép., après sa sœur Marie, Frédéric II de Gonzague, duc de Mantoue; II, 226.

Parfondeval [com. du cant. de Pervenchères, Orne. Perche, châtie de Mortagne], 128, 141, tabl. alph.; — *Parsse N.-D.*, doy. de Corbon; 112.

Paris [cap. de la France]; — *Chambre des comptes*; 134; II, 162; — *Comté de*, compris dans le duché de France, 18; — *Parlement*; 122, 124, 139, 154, 162; II, 227; — *Prévôté*; II, 255, 257; — *Traité en 1194*; 104, 117; — *Ville*; 82, 88; II, 258, 262; — *Le prévôt en 1483* [Jacques d'Estouteville]; II, 258; — *Evêque* : Etienne I de Senlis (1124-1142); II, 217.

Parthenay [arr. des Deux-Sèvres. Poitou]; — *Sgr en 1300* : Guill. L'Archevêque; T. 44, 172bis.

Pas-Saint-Lhomer (le) [com. du cant. de Longny, Orne, châtie de Mortagne; 128, 141; — *Parsse St-Lhomer*, doy. du Perche; 141.

Patay [cant. de l'arr. d'Orléans, Loiret. Dunois]; 82.

Pateau (Pierre), bours de Chartres; II, 254.

Patrick d'Evreux, 1er cte de Salisbury, ép. Helle de Bellême; 50, 105.

Patriz (Gaufridus); II, 21.

Paumier (Colin), écr; II, 251.

Pavie [Italie], bataille le 24 fév. 1525, n. st.; 96.

Payen de Châteaudun; T. 44.

Pégart Gieffroy; II, 89.

Peletier (Gaufridus le); II, 237.

Peletiers (les); II, 212.

Pelain-Ville, châtie de Nonvilliers [Plainville en Coudreceau, cant.

de Thiron, Eure-et-Loir. Perche] ; II, 90.

Pelliparii ; II, 210.

Pembrock [Angleterre] ; *le* c^te *de* ; 105. Arnoul de Montgommery.

Perche [Province de France] ; 62, 71, 73, 80, 82 à 96, 100, 116, 117, 125, 132 ; — *Bailliage* ; 125, 127, 130, 139, 167 ; — *Grand-Bailliage* ;139 ; — *Bailli, en 1480* : Vastin de Huval ; 122 ; *en 1514* : Philippe de Blavette ; 172^quater ; — *les Baillis* ; 121, 122 ; — *Budget du Comté* en 1252 : II, 34 ; en 1271 : II, 39 ; — *Châtellenies* ; 128 ; — *Cahiers du Tiers-État* ; 170 ; — *Comté*, Grand-Fief immédiat de la Couronne ; 5, 6, 10, 18, 20, 25, 34, 47, 48, 51, 53, 55, 56, 107, 139, 166, 172ter, 172^quater ; II, 38, 39, 75, 76, 96, 101, 104, 105, 110, 124, 128, 130, 131, 135, 141, 142, 144, 151, 154, 156, 161, 162, 164, 165, 171, 181, 223, 251, 255, 257, 267, 268 ; — *Comtes* ; T. 44, 74, 97 ; — *Comtes anglais, de 1419 à 1449* : Cte *en 1419* : Thomas de Montagu, c^te de Salisbury ; 87, 88 ; II, 190 ; — *en 1431* : le c^te de Stafford ; 88 ; — *Comtes de la première race* ; Chap. II ; 45 ; T. 44, 60 ; — Adèle, fille de Henri, v^te de Mortagne ; T. 44, 51 ; — Béatrice, fille de Rotrou IV, ép. Renaud III de Châteaugontier ; T. 44, 60, 73, 98, 172bis ; — Blanche de Castille, fille d'Alphonse III, 7e ep^se, ép. Louis VIII, roi ; 60 à 63, 74, 76, 77, 97 ; II, 28, 29, 241 ; — Étienne, duc de Philadelphie, fils de Rotrou IV ; T. 44, 27, 28, 51, 53, 54 ; II, 207 ; — Étienne, chancelier de Sicile, arch^e de Palerme, fils de Rotrou III ; T. 44, 50 ; — Félicie, fille de Rotrou III ; T. 44, 50 ; — Geoffroy, fils de Geoffroy V ; T. 44, 45, 56 ; — Geoffroy, fils de Rotrou III ; T. 44 ; — Geoffroy IV, 1er c^te, 5e seig^r de Nogent, 5e c^te de Mortagne, fils de Rotrou II de Châteaudun, ép. Béatrice de Roucy ; T. 44, 28, 30, 39 à 47, 60, 62, 97, 102, 119 ; — Geoffroy V, 4e c^te, fils de Rotrou IV, ép. 1° Mahaut, 2° Mahaut de Bavière ; T. 44, 45, 51, 52, 53, 55, 56, 60, 97 ; II, 205, 207 ; — Guillaume, 6e c^te, év. de Châlons, fils de Rotrou IV ; T. 44, 52, 53, 56, 58, 59, 60, 63, 64, 67, 71, 72, 76, 97 ; II, 7, 8, 9, 15, 18, 23 ; — Hélissende

de Réthel, c^esse douairière, v^ve de Thomas, 5e c^te ; T. 44, 56, 57, 58, 60, 76, 97, 172bis ; — Henri, v^te de Mortagne, fils de Rotrou IV ; T. 44, 51 ; — Hugues, fils de Henri ; T. 44, 51 ; — Joseph-Thomas, fils supposé de Thomas ; 57 ; — Julienne, fille de Geoffroy IV, régente en l'absence de Rotrou III, ép. Gilbert de Laigle ; T. 44, 46, 48, 58, 60, 119 ; — Mahaut, fille de Geoffroy IV, ép. 1° Raymond 1er de Turenne, 2° Guy de Lastours ; T. 44, 46 ; — Marguerite, fille de Geoffroy IV, ép. Henri de Beaumont-le-Roger, sgr du Neubourg ; T. 44, 46, 50, 122 ; — Oraine, fille de Rotrou IV, religieuse à Belhomert ; T. 44, 52 ; — Philippe, fils de Rotrou III, ép. Hélie d'Anjou ; T. 44, 60, 61 ; — Rotrou III le Grand, 2e c^te, 10e sgr de Bellême, c^te du Corbonnais, fils de Geoffroy IV, ép. 1° Mahaut d'Angleterre, 2° Harvise de Salisbury ; T. 44, 28, 30, 36, 40, 43, 46 à 51, 58, 60, 62, 97, 102, 103, 119, 172bis ; II, 9 ; — Rotrou IV, 3e c^te, fils de Rotrou III, ép. Mahaut de Champagne ; T. 44, 28, 49 à 51, 60, 97, 103 ; II, 5, 9 ; — Rotrou, fils de Rotrou IV, év. de Châlons-sur-Marne ; T. 44, 52, 61 ; — Thibaut, fils de Geoffroy V, doyen de St-Martin de Tours ; T. 44, 52 ; — Thibaut, fils de Rotrou IV, archidiacre de Reims ; T. 44, 56 ; — Thomas, prétendu fils du c^te Thomas ; 57 ; — Thomas, 5e c^te, fils de Geoffroy V, ép. Hélissende de Réthel ; T. 44, 52 à 58, 60, 76, 97, 109 ; II, 6, 7, 205 ; — *Comtes du, de la Maison de France* ; Chap. IV ; 75 : Blanche de Castille, 7e ep^se, reine de France, ay. ép. Louis VIII ; 60 à 64, 74, 76, 77, 98 ; II, 28, 29, 241 ; — Catherine de Médicis, 26e ep^se, ép. le roi H. II ; 74, 92, 97 ; II, 230 ; — Charles I, 12e c^te, c^te de Valois, Chartres, Alençon, fils du roi Ph. III, ép. 1° Marg^te d'Anjou, 2° Cath. de Courtenay, 3° Mah. de Châtillon ; 27, 35, 73, 74, 79 à 82, 91, 97, 122, 147, 148, 172ter ; II, 44, 46, 52, 53, 61, 63, 64, 74, 90, 220 ; — Charles II le Magnanime, 13e c^te, c^te d'Alençon, fils de Ch. I, ép. 1° Jeanne de Joigny, 2° Marie d'Espagne ; 74, 82, 97, 147, 149 ; II, 47 à 50, 53, 55, 64, 74 à 83, 85,

87, 93, 99, 125, 221 ; — Charles III, 14e cte, cte d'Alençon, père de St-Dominique, archie de Lyon, fils de Charles II ; 74, 84, 97 ; II, 100, 103 ; — Charles IV, 21e cte, duc d'Alençon, cte du Maine, sgr de Nogent, fils de René, ép. Marg. d'Angoulême ; 74, 88, 90, 97, 122, 149, 152 ; II, 121, 123, 129, 144, 150, 151, 153, 154 à 159, 162, 222 à 230, 268 ; — François Ier, 22e cte, roi, fils de Charles d'Orléans, ép. Claude de France ; 74, 90, 91, 97 ; II, 156, 161, 223 ; — François II, 25e cte, roi, fils de Henri II, ép. Marie Stuart ; 74, 92, 97 ; II, 165, 170, 223 ; — François III, 27e cte, roi, duc d'Alençon, Anjou, Touraine, Berry, Brabant, cte de Flandres, fils de Henri II ; 74, 92, 97, 434 ; — Henri II, 24e cte, roi, fils de Fr. I, ép. Cath. de Médicis ; 74, 92, 97, 152 ; II, 162, 163, 165, 170, 225, 229 ; — Henri III, 28e cte, roi, fils de Henri II, ép. Louise de Vaudemont ; 74, 93, 97 ; — Henri IV, 29e cte, roi, fils de Antoine de Bourbon, roi de Navarre, ép. 1o Marg. de Valois, 2o Marie de Médicis ; 21, 74, 92, 93, 97, 149, 150, 152 ; II, 233 ; — Jean I le Sage, 17e cte, cte et duc d'Alençon, vte de Beaumont, sgr de Séez, fils de Pierre II, ép. Marie de Bretagne ; 74, 85, 86, 87, 97, 152 ; II, 95, 104, 108, 109, 111 ; — Jean II le Beau, 18e cte, duc d'Alençon, vte de Beaumont, fils de Jean I, ép. 1o Jeanne d'Orléans, 2o Marie d'Armagnac ; 20, 74, 87 à 90, 97, 152 ; II, 104, 111 à 123, 128, 129, 132, 138, 153 ; — Louis IX, 8e cte, roi, fils de Louis VIII, ép. Marg. de Provence ; 57, 65, 71, 72, 74, 76 à 80, 97, 107, 162 ; II, 14, 24, 28 à 33, 37, 188, 242, 245, 247 ; — Louis XI, 20e cte, roi, fils de Charles VII, ép. 1o Marg. Stuart, 2o Charlotte de Savoie ; 74, 89, 90, 97, 159 ; II, 123, 128, 130, 132, 255 ; — Louis XIII, 30e cte, roi, fils de Henri IV, ép. Anne d'Autriche ; 74, 93, 97, 150 ; — Louis XIV, 31e cte, roi, fils de Louis XIII, ép. 1o M.-T. d'Autriche, 2o Françoise d'Aubigné ; 73, 93, 97 ; — Louis XV, 32e cte, roi, fils de Louis de France, duc de Bourgogne, ép. Marie Leczinska ; 74, 93, 97, 151 ; II, 174, 179, 184, 186 ; — Louis Stanislas-Xavier de France, 33e cte, cte de Provence, plus tard le roi Louis XVIII ; 74, 93, 97, 151 ; II, 179, 184, 233, 269 ; — Marguerite d'Angoulême, 23e csse, fille de Charles d'Orléans, ép. 1o Ch. IV, 21e cte, 2o II. II d'Albret, roi de Nav. ; 74, 90, 91, 97, 105 ; II, 159, 161, 162 ; — Marguerite de Lorraine, duchesse d'Alençon, vsse de Beaumont, csse du Perche, après la mort de son mari René, comme baillistre de son fils Ch. IV ; 74, 90, 97 ; II, 92, 144, 148, 149, 151 ; — Philippe III le Hardi, 10e cte, roi, fils de St Louis, ép. 1o Isab. d'Aragon, 2o Marie de Brabant ; 74, 79, 80, 97, 147 ; II, 42, 43 ; — Philippe IV le Bel, 11e cte, roi, fils de Ph. III, ép. Jeanne de Nav. ; 74, 80, 97, 147, 172ter ; II, 43, 45, 53, 61, 64, 218 ; — Pierre de France, 9e cte, cte d'Alençon, Blois, Chartres, sire d'Avesnes, fils de St Louis, ép. Jeanne de Châtillon ; 65, 73, 74, 78, 79, 80, 97, 121 ; II, 38, 39, 42, 43, 218 ; — Pierre II le Noble, 16e cte, cte d'Alençon, Fougères, sgr de Domfront, Porhoüet, vte de Beaumont, fils de Ch. II, ép. Marie Chamaillard ; 74, 84, 85, 97, 148, 149 ; II, 100, 125, 222 ; — René, 19e cte, duc d'Alençon, fils de Jean le Beau, ép. Marg. de Lorraine ; 74, 88, 89, 90, 97 ; II, 121, 124, 130, 132, 137, 140 à 142 ; — Robert, 15e cte, sr de Porhoüet, fils de Ch. II, ép. Jeanne de Rohan ; 74, 84, 85, 97 ; II, 100, 101, 101, 102 ; — Robert, cte de Dreux, ép. Harvise de Salisbury, cte du Perche comme baillistre de Rotrou IV, fils d'Harvise ; T. 44, 50, 51, 62, 97 ; II, 6 ; — *Comtes de maisons diverses* ; Enguerrand de Couci, baillistre de son beau-fils Thomas ; T. 44, 52, 97 ; — Jean de Bretagne, seigr en 1283 ; 73 ; — *Comtes n'ayant jamais existé* ; 23, 26 ; Albert ou Agombert, cte du Perthois ; 24, 27 ; Hervé ; 27, 172bis ; Etienne 1 ; 27 ; — *Coutumes du Grand-Perche* ; 125 ; — *Divisions* : *ecclésiastiques*, 111 ; *féodales*, 116 ; *financières*, 130 ; *judiciaires*, 119 ; *législatives*, 125 ; *militaires*, 135 ; *représentatives*, 126 ; — *Domaine* ; II, 183, 271 ; — *Doyenné du*, ou de Nogent ; 10, 11, 17, 26, 55, 114, 163, 166 ; — *Election* ; 131, 172quater ; — *Etymologie* ; 8 ;

— *Forêt* (Pertica sylva); 5, 7 à 10, 12, 24, 66, 83, 95, 96, 134, 143, 165; II, 22, 45, 55, 64, 93; — *Formation*; Tableau 30; — *Gouvernement du Maine et P.*; 136; — *Grands-Jours*; 90, 172quater; II, 156, 268; — *Official*; 115; — *Pays d'élection*; 127; — *Prévôté*; 137; — *Province*; 6, 56, 107, 110, 111, 114, 117, 118, 126, 132, 133, 165, 166, 167, 170, 172quater; — *Région*; 10, 12, 17, 25, 46, 143, 163, 165; — *Succession*; Chap. III, 61; — *Vicomtes, en 1322*: Robert Guosseaume; 122; *en 1426*: Jean de Montescot; II, 199, 254.

Perche-Gouet, Fief-Gouet, Petit-Perche, Bas-Perche, Terra Goeti; 6, 26, 35, 87, 143, 157 à 160, 162, 166, 170; II, 235; — *Les baillis*; 163; — *Coutume*; 166; — *Maisons en ayant eu la seigneurie*; 159.

Percheti, capellania, herbergamentum; II, 20.

Perchets (les), forêt (Perchetiboscum) près Chainville, Nogent, Margon; 69, 70; II, 19, 88.

Perçaux, voir Préaux.

Périgueux [Dordogne. Cap. du Périgord]. — *L'év. en 1483*; II, 258; Geoffroy III de Pompadour.

Perrault (le prés¹), sgr du Perche-Gouet; 159.

Perray, Pray [Peray, com. du cant. de Marolles-les-Braults, arr. de Mamers, Sarthe. Maine]. — *Châtie*; II, 152, 174, 177, 178, 186.

Perrenay (Isabelle de), ép. Rotrou III de Montfort; T. 44.

Perrière (la), Petraria [com. du cant. de Pervenchéres, Orne. Perche]; 54, 63, 65, 76 à 78, 82, 95, 113; II, 13, 14, 38, 39, 55, 56, 65, 70, 71, 223; — *Château, Châtellenie*, 87, 128; II, 29, 31, 37, 81; — *Doyenné, liste des paroisses*; 18, 55, 111, 113; — *Étang*; II, 36; *Prévôté*; 65; II, 34; — *Vicomté*; 123.

Perronnelle, ép. Guicher I de Châteaurenaud; 98.

Perruche (Simon Ier de), év. de Chartres (1280-1298); II, 194, 247 à 249, 252.

Perrucheio (Simon Ier de), miles; II, 262.

Perseigne. — *Forêt* [Dans le Nord de l'arr. de Mamers, Sarthe. Maine]; 9; II, 111; — *Abbaye de Cisterciens* [En Neufchâtel en Saonnois, cant. de la Fresnaye, arr. de Ma-

mers. Sarthe. Maine]; — *Cartulaire*; 20.

Perth, ville et comté d'Ecosse; 8.

Perthes [ville détruite par Attila. Perthes en Perthois, com. du cant. de St-Dizier, arr. de Wassy, Haute-Marne. Perthois].

Perthois ou Pertois [Province de Fr., cap. Vitry], comté; 8, 27; — *Comte du* (Perticensis comes), Agombert ou Albert; 24, 27.

Perticus ou Pertensis pagus; 23, voir Perche et Perthois.

Pertuis (Gaufridus de); II, 238.

Pervenchéres [cant. de l'Orne. Perche, châtie de la Perrière]; 128, 141; — *Par^sse N.-D.*, doy. de la Perrière; 113.

Pesad (Renatus); II, 207.

Pesant (le) de Boisguilbert, sgr de Montmirail et la Bazoche; 159.

Pesard (Reginald); II, 21, — Robin; II, 34; — Robert; II, 36.

Peschard (François), juge; II, 92.

Pesche, auteur d'un Dictre de la Sarthe; 21, 160.

Petit; II, 258; — *Garde de la prévôté de Moret*; II, 223.

Petraria, la Perrière, voir ce mot.

Petronilla, abbesse de Fontevrault; II, 217.

Phelipeaux (en 1771) et Phelypeaux (en 1768); II, 175, 184 [probablement L. Ph., cte de St-Florentin, ministre pendant 52 ans, né en 1705, mort en 1777, fils du ministre Ph. de la Vrillière].

Philadelphie [aujourd'hui Ammon, Palestine. Syrie]. — *Duc*: Etienne du Perche; T. 44, 27, 28, 51, 53, 54; II, 207.

Philippe I de Bois-Giloud, év. de Chartres (1415-1418); II, 198.

Philippe II, III, IV, rois de France, voir France.

Philippe de France, dit Hurepel, voir France.

Philippe II d'Alençon, cardinal, voir Alençon.

Philippe le Bon, duc de Bourgogne, voir Bourgogne.

Philippe ... de Châteauneuf, de Luxembourg, de Montgommery, du Perche, de Châteaugontier, dame de Hérouville, voir ces noms.

Picardie [Ancien gouvernement militaire de France, comprenant cinq provinces: la Thiérache, le Vermandois, le Santerre, l'Amiénois et le Ponthieu]; II, 114; — *Gouverneur en 1540*: Ant. de Bourbon.

Piciacus ; 11 [St-Avit-au-Perche, voir ce mot].

Picquigny (Enguerrand de), ép. Marguerite de Ponthieu ; 105.

Pictavensis civitas ; II, 33 ; Poitiers [Vienne. Poitou].

Pierre V Fresnel, év. de Meaux (1391-1406) ; II, 197.

Pierre II de Minci, év. de Chartres (1260-1276) ; II, 190, 191, 193, 245 à 247.

Pierre, d'Alençon, ... d'Amboise, ... de France, ... de Longny, ... de Navarre, voir ces noms.

Pierre-Coupe (sgrie en Alluye) ; II, 146, 147, 149, 255, 257.

Pierrefixte, Pierrefitte [anc. nom de St-Jean-Pierrefixte, cant. de Nogent, Eure-et-Loir. Perche] ; 128, 139.

Pifons, terre [Piffonds, cant. de Villeneuve-s.-Yonne, arr. de Joigny, Yonne. Gâtinais] ; II, 54, 64.

Piganiol de la Force, géographe, XVIIIe s. ; 27.

Pigré (domina de) ; II, 240.

Pin-la-Garenne (le) [com. du cant. de Pervenchères, Orne. Perche, châtie de Mortagne] ; 19, 128, 141 ; — Parsse St-Barthélemy, doy. de la Perrière ; 113.

Pitard, secrét. de la Mairie de Mortagne, XIXe s. ; 8, 16, 37, 53, 139, 164.

Place (la), bois en la châtie de Nonvilliers ; II, 90.

Plaissiaco (Reginaldus de) ; II, 248.

Plait de l'Épée ; 78, 121.

Plantagenet (Geoffroy d'Anjou dit) ; 50, 51.

Platea (de) ; II, 21.

Play (Le) (Pierre-Guillaume-Frédéric), né à Honfleur le 11 avr. 1806, ingénieur des Mines et sociologue ; 171.

Pleeeyo-Trellart (dominus de) ; II, 196, voir Plessis-Trellart.

Plessis (du). — Agnès (de Plessiaco), fille de Jehan, ép. Jean d'Antioche ; II, 249, 250 ; — Jean (Johannes de Plessiaco, armiger) ; II, 249, 250 ; — Le sgr du, en 1506 : H. de Croy ; II, 201.

Plessis-Dorin [cant. de Montdoubleau, arr. de Vendôme, Loir-et-Cher. Perche-Gouet] ; 161 ; — Dominus de ; II, 239.

Plessis-lez-Tours (château) (le Plessis du Parc-les-Tours) [com. de La Riche, cant. de Tours, Indre-et-Loire. Touraine] ; II, 255, 258.

Plessis-Pasté (Jean II du), év. de Chartres (1322-1332) ; II, 195, 198.

Plessis-Trellart, le seigr du ; II, 196.

Podio (Eblo de), sous-doyen de Chartres ; II, 253.

Poictou, voir Poitou.

Poissy [cant. de l'arr. de Versailles, Seine-et-Oise. Mantois] : 163.

Poitiers (Pictavensis civitas) [Vienne. Cap. du Poitou] ; II, 33 ; — Église Ste-Radegonde ; 262 ; — Alphonse, cte de, frère de Saint-Louis ; II, 33.

Poitou, comté ; II, 112, 146, 255 ; — Le Sénéchal, en 1484 ; II, 258.

Poligniacensis abbas [Poligny, arr. du Jura. Franche-Comté], Hugo ; II, 217.

Pommereu (de), Intendant d'Alençon ; 123, 124, 153.

Pompadour (Geoffroy III de), év. de Périgueux (1470-1485) ; II, 258.

Ponce de la Marche ; 105, voir Marche.

Poncins (Léon de) ; 170.

Pons (Châlon de), ép. Arengarde, vve de Aldebert IV, cte de la Marche ; 105.

Pont (Jehau du) ; II, 89.

Pontaudemer [arr. de l'Eure. Normandie] ; — Maison de : Jean, ép. Ph. de Dreux, dame de Châteauneuf ; 147 ; II, 222 ; — Josseline, ép. Hugues de Montgommery, 101 ; — Robert, fils de Jean, 147 ; II, 222.

Pont-de-Gennes [com. du cant. de Montfort, arr. du Mans, Sarthe. Maine] ; 43.

Ponte-Lemo (G. de), chanoine de Chartres ; II, 262.

Pontgouin (Pons Goënii) [cant. de Courville, arr. de Chartres, Eureet-Loir. Pays Chartrain]. — Château, châtelienie ; 108, 162 ; II, 194, 198, 200 à 202, 253, 254, 259, 262, 266 ; — Ressort de ; II, 196 ; — Le sgr en 1394 : Jean VI de Montaigu, év. de Chartres ; II, 265.

Ponthieu [Comté et province de France, cap. Abbeville ; comprise jadis dans le gouvernt de Picardie]. — Seconde maison de, issue des Montgommery : Adèle, fille de Jean I, ép. Renaud de St-Valery ; 105 ; — Agnès, fille de Guy II, abbesse de Montreuil ; 105 ; — Agnès, fille de Guy I, ép. Robert II Talvas, 8e sgr de Bellême ; 30, 102, 105 ; — Guillaume, cte de Ponthieu et de Montreuil, fils de Jean I, ép. Alice de France ; 105 ; — Guillaume III Talvas, fils de Robert II, 9e sgr de Bellême, cte de Pontnieu, sgr d'Alençon ; 102, 105 ;

Prudemanche [com. du cant. de Brezolles, arr. de Dreux, Eure-et-Loir.
Thimerais, châtie de Châteauneuf ;
155.

Pruillé ou Sablé. — (Burgondie de),
ép. Rotrou II de Montfort ; T. 44,
60.

Prulay [en St-Langis, cant. de Mortagne, Orne. Perche] ; — *Archives* ;
72 ; — *Maison de* ; Gervasius ; II,
237 ; — Gilbert, sgr de Longpont,
ép. Alice de Châteaugontier ; 72,
98 ; — Gilbertus de Prulayo ; II,
39, 89 ; — Thibault, sgr de Longpont, ép. Agnès Mallet ; 72.

Puisaie (la) ; 13, 16, voir la Puisaye.

Puisati Galcherus ; II, 249.

Puisaye (la) ou la Puisaie [com. du
cant. de Senonches, arr. de Dreux,
Eure-et-Loir, Thimerais, châtie de
Châteauneuf] ; 13, 16, 155.

Puiset (Adèle de), ép. Roger de Montgommery ; 105.

Q

Quarrel (Philippe) ; II, 32.

Quegnon (Perrot) ; II, 90.

Quequeue (fief de), relevant de Marchainville ; II, 212.

Queuves (Henricus de) ; II, 20.

Queux, de Caudis (Gaufridus de) ;
II, 20.

Queux-Malet (Coqui Maleti) ; II, 20.

Queyriele (la), fief de Marchainville ;
II, 210.

Quinquet, notaire à Paris ; II, 176.

Qainqunnes, domina de ; II, 212.

R

Rabineau ; II, 143.

Radercium, fief de Nogent, voir Raderay ; II, 20.

Raderay, Radercium [le Radrais, en
Nogent-le-Rotrou, Eure-et-Loir.
Perche] ; II, 20 ; — *Gervaise de*,
II, 89.

Raimalart, voir Regmalart.

Raméru [Ramerupt, cant. de l'arr.
d'Arcis-s.-Aube, Aube. Champagne ;
— *Le seigr de* : Hilduin IV de
Montdidier ; 46.

Ramirez-Garcias, roi de Navarre, ép.
Marguerite de Laigle ; 48, 60.

Randonnai [com. du cant. de Tourouvre, Orne. Perche, châtie de
Mortagne] ; 9, 55, 128, 142 ; —
Parse St-Malo, doy. de Brezolles ;
115.

Raoul … de Beaumont, … de Tiron,
voir ces noms.

Razillé, près Chinon [Razilly, en la

Celle-Guénand, cant. de Pressigny-
le-Grand, arr. de Loches, Indre-
et-L., Touraine] ; II, 123.

Ravestain [Ravenstin ou Ravestein,
v. et sgrie en Hollande, Brabant
Septl, annexée au comté de Clèves
en 1397] ; — *Dame de* : Françoise
de Luxembourg ; II, 149, 150 ; —
Sgr : Ph. de Clèves ; II, 149, 150,
259, 260.

Raymond, 7e vte de Turenne, ép.
Mahaut du Perche ; T. 44, 46.

Rayneval [Renneval, cant. de Rozoy-
s.-Serre, arr. de Laon, Aisne. Ver-
mandois] ; — Raoul, sire de ; II,
107.

Reavilla, moulin, près de Longny ;
II, 191.

Reginaldus, abbé de St-Evroult ; 28 ;
II, 207.

Regmalart, Regismalastrum, Raima-
last, Rémalard [cant. de l'Orne,
Perche, châtie de Mortagne] ; 55,
67, 107, 108, 113, 128, 141, 144,
146 ; — *Château* ; 87 ; — *Gaston*
ou Gatho, fils de Girard de Boceio,
sr de Longny ; 108 ; II, 188, 243 ;
— *Grenier à sel* ; 133 ; — *Parse
St-Germain*, doy. de Brezolles ;
115 ; — *Seigneur en 1078* : Hugues
de Châteauneuf ; 43 ; — *Seigneurie* ;
73, 118 ; II, 164 ; — *Siège vers
1077* : 43, 145 ; — *Vicomte en
1394* : Nicolas, sire de Longny ;
II, 198.

Regnaou ; II, 205, Réno, voir ce mot.

Regnardière (la) ; II, 89.

Reims [Marne. Champagne] ; — Archidiacre : Thibaut du Perche ; II,
44, 52.

Reinière (la) [la Rainière, en Préaux,
cant. de Nocé, Orne. Perche] ; —
Sr de : René de Fontenay, chr, né
en 1588, mal de camp 1652, gouvr
de Bellême pendant 55 ans ; 136.

Rémalard, voir Regmalart.

Remena… (Girardus de la) ; II, 239.

Remenovilla (Hugo de) ; II, 237.

Remensis, dominus electus [l'archevêque élu de Reims en mars 1227 :
Henri de France-Dreux, consacré
le 18 avr. 1227, † 6 juill. 1240] ;
II, 14.

Remy [cant. d'Estrées-St-Denis, arr.
de Compiègne, Oise. Beauvaisis] ;
II, 165.

Renaldus, voir Renaud.

Renaud, … de Bellême, … de Châteaugontier, … de St-Valery, voir
ces noms.

Renaud de Bar de Mouçon, év. de

Roche (de la) ; II, 258 ; — Richard, sgr de Beaussart et de Château-neuf, ay¹ ép. Eléon. de Château-neuf ; 147.

Roche-Mabile (la) [com. du cant. d'Alençon, Orne. Normandie] ; — Sgr : Guill. IV, c¹ᵉ d'Alençon ; 105.

Roche-sur-Couldre (la), moulin et hébergement ; II, 88.

Roche-sur-Yon (la), aliàs soubs-Yon [Vendée. Poitou] ; II, 54, 64, 75, 76, 77 ; — *Le duc en 1564* : Helius ou Jacques, év. et duc de Langres ; II, 231 ; D¹¹ᵉ *en 1734* : Louise-Adélaïde de Bourbon-Conti ; 151 ; II, 233.

Rochefort (de) ; — Aimery, sgr de Châteauneuf ; 146, 147 ; — Geof-froy, sgr de Châteauneuf, ay¹ ép. Yolande de Châteauneuf ; 146.

Rochelle (la) [Charente-Inf. Aunis] ; II, 255.

Roches (Clémence des), ép. 1º Thi-baut VI, c¹ᵉ de Blois, 2º Geoffroy VI de Châteaudun ; T. 44.

Roddes-en-Flandres ; — *Sgr* : Ant. de Bourbon ; 152 ; II, 161, 162.

Roger (Rogerius), clerc ; II, 218.

Roger de Montgommery, voir Mont-gommery.

Rohaire [com. du cant. de la Ferté-Vidame, Eure-et-Loir. Thimerais, chât¹ᵉ de la Ferté-Vidame] ; 155.

Rohan [cant. de l'arr. de Ploërmel, Morbihan. Bretagne] ; — *Maison de* : Jacqueline, mⁱˢᵉ de Rotelin, prˢˢᵉ de Chatenay, dame de Mons-treau, Noyelles-sur-Mer, Blandy, ép. Fr. d'Orléans-Longueville ; II, 203 ; — Jeanne, ép. 1º Robert de France, c¹ᵉ du Perche ; 2º Pierre d'Amboise ; 74, 85, 97 ; — Mar-guerite, ép. Jean de France le Bon, c¹ᵉ d'Angoulême ; 74 ; — Pierre, duc de Nemours, pair de France, sgr de Gyé, c¹ᵉ de Marle et Por-céan, ch¹ʳ de l'Ordre, mar¹ de France, ép. Marg. d'Armagnac, dˢˢᵉ de Nemours, cˢˢᵉ de Guise ; II, 140.

Roille-Vorton (Petrus) ; II, 239.

Rolant ; II, 123.

Rollon ; 116.

Rome [Italie] ; 84.

Romilliacus-in-Pertico [Romilly, com. du cant. de Droué, arr. Ven-dôme, Loir-et-Cher. Vendomois] ; 11.

Romilly-sur-Aigre [cant. de Cloyes, arr. de Châteaudun, Eure-et-Loir. Dunois] ; 11.

Ronce (Philippe de la) ; II, 238.

Rosay ou Rosey, terre ; II, 220.

Roseyo (Willelmus de), miles ; II, 217.

Rostaing (famille de), bⁿˢ de Brou ; 160.

Rostial (Guillelmus) ; II, 238.

Rotelin ou Rothelin [ville du mar-quisat de Bade. Allemagne] ; — *Marquise en 1525* : Jeanne de Hocheberg ; II, 202 ; — *en 1551* : Jacqueline de Rohan ; II, 203 ; — *avant 1551* : François d'Orléans ; II, 203.

Rothaïs, ép. Fulcoïs de Mortagne ; 97, 99.

Rotrou, ... de Châteaudun, ... de Montfort, ... de Nogent, ... du Perche, voir ces noms.

Roucy [com. du cant. de Neufchâtel-sur-Aisne, arr. de Laon. Le comté de R. était l'une des sept pairies du comté de Troyes] ; — *Maison de* : Adèle ou Alcide, cˢˢᵉ de (Aci-des de Roceio), ép. Hilduin IV, c¹ᵉ de Montdidier ; 46 ; — Béatrice, fille de Hilduin IV, ép. Geoffroy IV, 1ᵉʳ c¹ᵉ du Perche ; T. 44, 30, 46, 47, 60, 97 ; — Félicie, fille de Hil-duin IV, ép. Sanche d'Aragon ; 48 ; — Hilduin IV de Montdidier, c¹ᵉ, ay¹ ép. Adèle ; 46.

Rouen (Rhotomagus) [Seine-Inf., cap. de la Normandie] ; 50, 51, 115 ; — *Chambre des Comptes* ; 134 ; — *Cour des Aides* ; 132 ; — *Généra-lité* ; 132 ; — *Archevêques* ; Gau-thier de Coutances, Walterius (1184-1207) ; II, 206, 208 ; — Philippe d'Alençon (1359-1374) ; 74, 84 ; II, 100 à 103, voir Alençon.

Rouge (la) [com. du cant. du Theil, Orne. Perche, chât¹ᵉ de Bellême] ; 128, 141 ; — *Parˢˢᵉ St-Rémy*, doy. de Bellême ; 113.

Rouillard ; 36.

Roumare (Guillaume de), ép. Phi-lippe d'Alençon ; 60, 105.

Roupy (Etienne III de), év. d'Agde (1448-1462) ; II, 127.

Rousselot (Jacques) ; II, 83.

Roussy [Roussy-le-Bourg, com. de Roussy-Village, cant. de Cattenom, arr. de Thionville, annexé à l'Alle-magne en 1871. Trois-Evêchés] ; — *Comte de*, en 1507 et 1509 : Antoine I de Luxembourg, c¹ᵉ de R., Brienne et Ligny, bⁿ d'Alluye, Rameru, etc., chambellan du roi, ambassadeur 1493, † 1510 ou 1515.

Rouversailles (Jacqueline de), dame

de Marchainville ayt ép. L. de
Péreaux (Preaux) ; II, 215.
Rovilleiz (Henricus de) ; II 238.
Roy (François le), sgr de Chavigny,
né en 1519, cap. des Gardes du
Corps 1553, gouvr du Mans 1564,
consr d'Etat et chr de l'Ordre 1578,
1er cte de Clinchamps par ér. de
déc. 1565, + 18 fév. 1606 ; 92.
Roye (Alice de), ép. Jean III d'A-
lençon ; 105.
Rueil [com. du cant. de Brezolles,
Eure-et-Loir. Thimerais, châtie de
la Ferté-Vidame] ; 155.
Ruffec [arr. de la Charente. Angou-
mois] : — *Le duc de* [Jacques-Louis
de Rouvroy, né 29 juil. 1698, duc
de St-Simon et pair de France 1722,
dit le duc de Ruffec, chr de la
Toison-d'Or, vidame de Chartres,
mestre de camp] ; II, 232.
Ruffus (Hubertus), miles ; II, 237,
238.
Rufus (Johannes) ; II, 39.
Ruissaus (les), étang ; II, 20.
Ruméan, Rumien, étang et métairie
près Marchainville ; II, 209, 210,
211, 213, 215, 272.
Ruolz-Montelrd [Henri, cte de, chi-
miste, compositeur de musique,
membre du Conseil supr des che-
mins de fer (chartrier d', apparu
actuellt au cte de Fontenay) ; 126.
Rupe (Rogerius de) ; II, 238.
Ruzé, G., consr au Parlt en 1483 ; II,
140.
Rymer, histn anglais XVIIIe s. ; 87 ;
II, 114.

S

Sabine (la) [Italie], év. Philippe
d'Alençon ; 60, 105.
Sablé [ou Sablé s.-Sarthe, cant. de
l'arr. de la Flèche, Sarthe. Maine].
— Sgrie en 1484, barie en 1563 ;
II, 146, 255, 257. — *Burgondie de*,
ou de Pruillé, ép. Rotrou II de
Montfort ; T. 44, 60.
Sablon (la tour du) [château qu'on
dit avoir existé près Gémages, cant.
du Theil, Orne. Perche] ; 10, 87.
Sablon (le) ; II, 20.
Sabrina, la Severn, fl. d'Angle-
terre ; 101.
Sagisum, pays de Séez ; 27.
Saint-Aignan-sur-Erre [com. du
cant. du Theil, Orne. Perche, châtie
de Bellême] ; 128, 141 ; doy. de
Bellême ; 112.
Saint-Ange [com. du cant. de Châ-
teauneuf, Eure-et-Loir. Thimerais,
châtie de Châteauneuf] ; 153, 155.

Sancto Aniano (Johannes de) ; II, 239.
Saint-Arnout-des-Bois [com. du cant.
de Courville, Eure-et-Loir. Thime-
rais] ; 153, 155.
Saint-Aubin-des-Grois [com. du cant.
de Nocé, Orne. Perche, châtie et
doyenné de Bellême] ; 113, 128,
141.
Saint-Aubin-de Courteraie [com. du
cant. de Bazoches-s.-Hoesne, Orne.
Perche, châtie de Mortagne] ; 128,
140 ; — *Parsse*, du doy. de Corbon ; 112.
Saint Avit (Hugo de) ; II, 240.
Saint-Avit-au-Perche (Piciacus) [com.
du cant. de Brou, Eure-et-Loir.
Perche-Gouet] ; 10, 17, 161.
Saint-Avit-de-Châteaudun, abbaye
[à St-Denis-les-Ponts, cant. et arr.
de Châteaudun. Eure-et-Loir. Du-
nois] ; 11, 12, 17.
Saint-Blançay, voir Semblançay.
Saint-Calais [arr., Sarthe. Maine] ;
140.
Saint Celerin (Robertus de) ; II, 236.
Saint-Cénery, fief du duché d'Alen-
con [com. du cant. d'Alençon,
Orne. Normandie] ; 172er.
Sainte-Céronne-lez-Mortagne [com.
du cant. de Bazoches-sur-Hoëne,
Orne. Perche, châtie de Mortagne] ;
128, 140 ; — Doy. de Corbon ; 112.
Saint-Chéron-lez-Chartres (Sanctus
Karaunus), abbe à Chartres ; II,
190, 196.
Saint-Christophe [ou St-Christophe-
sur-le-Nais, cant. Neuvy-le-Roy,
arr. Tours. Touraine ; — *Sgr* :
Rotron IV de Montfort ; T. 44.
Saint-Clair ou Cler [St-Clair-sur-
Epte, cant. de Magny, arr. de
Mantes, Seine-et-Oise. Vexin] ; —
Sgr : Robert de Chaumont ; 146.
Saint-Cosme-de-Vair [com. du cant.
de Mamers, Sarthe. Partie du
Maine et du Perche, châtie de Bel-
lême] ; 20, 128, 142. — *Parsse*, du
diocèse du Mans ; 115.
Saint-Cyr-la-Rosière [com. du cant.
de Nocé, Orne. Perche, châtie et
doy. de Bellême] ; 19, 113, 128,
141.
Saint-Denis [abbaye à St-Denis-sur-
Seine, Seine. Ile de France] ; —
Chroniques de ; 76.
Saint-Denis-sur-Huisne [com. du
cant. de Mortagne, Orne. Perche,
châtie de Mortagne] ; 10, 128, 141 ;
— *Parsse* réunie pour le culte à
Réveillon, doy. de Corbon ; 112.
Saint-Denis-d'Authou [com. du cant.

de Thiron, Eure-et-Loir. Perche, sergrie Boullay]; 128, 142; — *Parsse*, du doy. du Perche; 114.
Saint-Denis-des-Coudrais [com. du cant. de Tuffé, Sarthe. En partie du Maine et du Perche, châtie de Ceton]; 20, 128, 142; — *Parsse*, du diocèse du Mans; 115.
Saint-Denis-des-Ponts [com. du cant. de Châteaudun, Eure-et-Loir. Dunois]; 12.
Saint-Denis de Nogent-le-Rotrou; — *Prieuré et Cartulaire*; 37 à 42, 48, 51, 81, 119, 172ter; — *Doyen en 1385*: Etienne; 172quater.
Saint-Désir (Hugo de), capellanus; II, 248.
Saint-Eliph [com. du cant. de la Loupe, Eure-et-Loir. Perche, sergie Boullay]; 128, 142; — *Parsse*, du doy. du Perche; 114.
Saint-Etienne-de-la-Burgondière, voir la Burgondière.
Saint-Etienne-sur-Sarthe [anc. com. du Perche, châtie de Mortagne, réunie à Saint-Aubin-de-Courteraie, doy. de Corbon; 112, 122.
Saint-Etienne (Stephanus); II, 20.
Saint-Evroult (Ebrulfus), abbe de bénéd. [Orne. Normandie]; II, 204 à 207; — *Abbés*, en 1194: Renaut; II, 205; en 1202: Reynaldus; II, 207; — *Cartulaire*: II, 207.
Saint-Fulgent-des-Ormes [com. du cant. de Bellême, Orne. Perche, châtie et doy. de la Perrière]; 113, 128, 141.
Sainte-Gauburge-de-la-Coudre [réunie à Saint-Cyr-la-Rosière, Orne. Perche, châtie et doy. de Bellême]; 113, 128.
Saint-Germain-de-Brezolles, église à Brezolles; 144.
Saint-Germain-de-la-Coudre [com. du cant. du Theil, Orne. Perche, châtie et doy. de Bellême]; 10, 113, 128, 141.
Saint-Germain-la-Gastine [com. du cant. de Chartres, Eure-et-Loir. Thimerais]; 153, 155.
Saint-Germain-des-Grois [com. du cant. de Regmalart, Orne. Perche, châtie et doy. de Bellême]; 113, 128, 141.
Saint-Germain-de-Lezeau [réuni à Maillebois, Eure-et-Loir. Thimerais]; 155.
Saint-Germain-de-Martigny [com. du cant. de Bazoches-sur-Hoëne, Orne, Perche, châtie de Mortagne]; 128, 140; — *Parsse*, du doy. de Corbon; 112.
Saint-Germain en-Laye [cant. de l'arr. de Versailles, Seine-et-Oise. Mantois]; II, 17, 18, 155, 241, 242.
Saint-Gervais-de-Belin [St-Gervais-en-Belin, cant. d'Ecommoy, arr. du Mans, Sarthe. Maine]; 158.
Saint-Hilaire [paroisse d'Illiers, arr. de Chartres, Eure-et Loir. Pays Chartrain]; 12.
Saint-Hilaire-lez-Mortagne ou le Pigeon [com. du cant. de Mortagne, Orne. Perche, châtie de Mortagne]; — *Parsse*, du doy. de Corbon; 112.
Saint-Hilaire-des-Noyers [anc. parsse et com. réunie à St-Denis-d'Authou, Eure-et-Loir. Perche]; 114, 128.
Saint-Hilaire-des-Noyers [anc. parsse et com. réunie à Corubert, Orne. Perche, châtie et doy. de Bellême]; 113, 128.
Saint-Hilaire-de-Soisay [anc. parsse et com. réunie à la Perrière, Orne. Perche, châtie et doy. de la Perrière]; 113, 128.
Saint-Hilaire-sur-Erre [com. du cant. du Theil, Orne. Perche, châtie et doy. de Bellême; 113, 128, 141.
Saint-Hilaire-sur-Yerre [com. du cant. de Cloyes, arr. de Châteaudun, Eure-et-Loir. Dunois]; 11.
Saint-Jacques-de-Beuvron (Sanctus Jacobus de Bevron) [St-James-de-Beuvron, cant. de l'arr d'Avranches, Manche. Normandie]; 76; II, 14, 29, 30, 31.
Saint-Jacques, parsse d'Illiers (Eure-et Loir]; 12.
Saint-Jean, monast. au diocèse de Sens; II, 252.
Saint-Jean-d'Acre [Asie Mineure]; 51; II, 5.
Saint-Jean-des-Eaux (Sanctus Johannes de Aquis); II, 262.
Saint-Jean-des-Echelles [com. du cant. de Montmirail, Sarthe. En partie du Maine et du Perche, châtie de Ceton]; 19, 128, 142; — *Parsse*, du diocèse du Mans; 115.
Saint-Jean-de-Chartres (St-Jean-en-Vallée) [abbe d'Augustins, près Chartres. Eure-et-Loir]; 107; II, 187, 189, 194, 195.
Saint-Jean-de-la-Forêt [com. du cant. de Nocé, Orne. Perche, châtie et doy. de Bellême]; 118, 128, 141, tabl. alph.
Saint-Jean-Froidmantel [com. du cant. de Morée, arr. de Vendôme, Loir et Cher. Dunois]; 11.

Saint-Jean-des-Meurgers [anc. com. réunie à Meaucé, Eure-et-Loir. Perche, serg^ie Boullay] ; 114, 128, 140, tabl. alph.

Saint-Jean-de-Nogent [p^sse de Nogent-le-Rotrou, Eure-et-Loir, Perche] ; trésor et chartrerie ; II, 20.

Saint - Jean - Pierrefixte [com. du cant. de Nogent, Eure et-Loir. Perche, chât^ie de Nogent] ; 114, 128, 139, 142, tabl. alph. — *Par^sse*, du doy. du Perche ; 114.

Saint-Jean-de-Rebervilliers [com. du cant. de Châteauneuf, Eure - et - Loir. Thimerais, chât^ie de Château-neuf] ; 155.

Saint-Jean-de-la-Salle (Sanctus Johannes de Salla) ; II, 237.

Sanctus Karaunus, Caraunus ; II, 190, voir St-Chéron.

Saint-Jouin-de-Blavou [com. du cant. de Pervenchères, Orne. Perche, chât^ie et doy. de la Perrière] ; 10, 113, 128, 141, tabl. alph.

Saint-Julien-sur-Sarthe [com. du cant. de Pervenchères, Orne. Perche, chât^ie et doy. de la Perrière] ; 9, 113, 128, 141, tabl. alph.

Saint-Langis-lez-Mortagne [com. du cant. de Mortagne, Orne. Perche, chât^ie de Mortagne, doy. de Corbon] ; 112, 128, 139, 141, tabl. alph

Saint Laumer, abbé de Corbion, VIe s. ; 13.

Saint-Léonard-de-Bellême, collégiale [desservie par Marmoutiers depuis 1092] ; 46, 47, 102.

Saint-Longis [com. du cant. de Mamers, Sarthe. Maine] ; 40.

Saint-Loyer [St-Loyer-des-Champs, com. du cant. de Mortrée, arr. d'Argentan, Orne. Normandie] ; II, 223.

Saint-Lubin (Leobinus), monastère à Brou [arr. de Châteaudun, Eure-et-Loir. Perche-Gouet] ; 158.

Saint-Lubin-de-Gravant [com. du cant. de Brezolles, Eure-et-Loir. Thimerais, Ressort français] ; 152, 153, 155.

Saint-Lubin-des-Cinq-Fonts [com. réunie à Authon, Eure et-Loir. Perche-Gouet] ; 161.

Saint - Lubin - des - Joncherets [com. du cant. de Brezolles, Eure-et-Loir. Thimerais, chât^ie de Château-neuf] ; 155.

Saint-Maixme [com. du cant. de Châteauneuf, Eure-et-Loir. Thimerais, chât^ie de Châteauneuf] ; 155.

Saint-Marc [anc. com. réunie à Vichères, Eure-et-Loir. Perche, chât^ie de Nogent] ; 113, 114, 128, 139, tabl. alph.

Saint-Marceau, faubourg de Paris ; II, 255, 257.

Saint-Mard-de-Coulonges [anc. com. réunie à St-Ouen-de-Sécherouvre, Orne, Perche, chât^ie de Mortagne, doy. de Corbon] ; 112, 128, tabl. alph.

Saint-Mard-de-Réno [com. du cant. de Mortagne, Orne. Perche, chât^ie de Mortagne, doy. de Corbon] ; 112, 128, 141, tabl. alph.

Sainte-Marie-de-Mondoubleau, collégiale ; 38, voir Mondoubleau.

Sainte-Marie trans Tiberim, basilique à Rome ; — Cardinal de : Philippe d'Alençon, voir Alençon et France.

Saint-Martin (Guillaume de) ; II, 210.

Saint-Martin-de-Chamars, prieuré [près Châteaudun, Eure-et-Loir. Dunois] ; 29, 144.

Saint-Martin-du-Douet [com. réunie à Damemarie, Orne. Perche, chât^ie et doy. de Bellême] ; 113, 128, tabl. alph.

Saint-Martin-de-Lezeau [anc. com. réunie à Maillebois et à St-Maixme, Eure-et-Loir. Thimerais, chât^ie de Châteauneuf] ; 155.

Saint-Martin-des-Pezerits [com. du cant. de Moulins-la-Marche, Orne. Perche, chât^ie de Mortagne, doy. de Corbon] ; 112, 128, 141.

Saint-Martin-de Tours (Turonensis) ; — *Sous-doyen*, en 1285 : Jehan d'Aubigny ; II, 249.

Saint-Martin-de-Troyes (Trecensis) ; — *Abbé*, en 1132 : Willelmus ; II, 217.

Saint-Martin-au-Val, abbaye, près Chartres ; 36 ; II, 89.

Saint - Martin - du - Vieux - Bellême [com. du cant. de Bellême, Orne. Perche, chât^ie et doy. de la Perrière] ; 18, 113, 128, 141 ; — *Prieuré* ; 80, fonds aux Archives de l'Orne ; II, 7 ; — *Le prieur au XIIe s.* ; 44 ; — *Abbaye* ; 44.

Saint - Martin - du - Vieux - Verneuil [anc. paroisse réunie à Verneuil-sur-Avre, était séparée par l'Avre de Verneuil et de la Normandie. Thimerais, Ressort Français] ; 140, 152 à 156, voir : *Verneuil* (tour Grise de).

Saint-Maurice sur-Huisne ou d'Iversay (Sanctus Mauricius de Evra-

Mamers, Sarthe. Maine]. — *Les habitants :* II, 265 ; — *Le seigr de :* II, 239.

Saint-Valery (Renaud de), ép. Adèle de Ponthieu ; 105.

Saint-Valier [St-Vallier ou St-V.-sur-Rhône, cant. de l'arr. de Valence, Drôme. Dauphiné] ; — *Seigr*, en 1483 : Aymar de Poitiers, chr de l'Ordre, gd sénéchal de Provence de 1484 à 1494 ; II, 140.

Saint-Victor-de-Buton (Bnutum St-Vitour) [com. du cant. de la Loupe, Eure-et-Loir, Perche, sergie de Brezolles, doy. du Perche] ; 114, 128, 142, 155 ; II, 20, 89.

Saint-Victor-de-Réno [com. du cant. de Longny, Orne. Perche, châtie de Mortagne, doy. de Corbon] ; 112, 128, 141.

Saint-Victor-sur-Avre [com. du cant. de Verneuil, Eure. Thimerais, châtie de la Ferté-Vidame] ; 155, 156.

Saint-Vincent-des-Bois (S. Vincentius de Nemore) abbaye d'Augustins [en St-Maixme, cant. de Châteauneuf. Eure-et-Loir. Thimerais] ; II, 236, 237.

Saint-Vincent-du-Mans, abbaye de Bénédictins, cartulaire : 38, 40 à 44 ; T. 44, 158.

Saint-Vitour, la vaierie de ; II, 89, voir St-Victor-de-Buton.

Saintonge [Province de France, cap. Saintes] ; II, 112, 255.

Sale (Guillaume de) ; II, 88.

Sale (la), voir : *la Salle.*

Salec (de), Gaufridus ; II, 218.

Salerne [Italie] ; 79.

Salerius, miles ; 119.

Salisbury [cap. du comté de Wilts. Angleterre]. — *Maison de :* Bon vers *1100 :* Edouard ou Gautier d'Evreux ; 50 ; — *Duc en 1426 :* Thomas de Montagu, cte du Perche (1419-1431) ; 87, 88, 109 ; II, 110, 199, 244 ; — *Cte en 1153 :* Patrick d'Evreux ; 50, 105 ; — *Harvise,* fille de Gautier, ép. 1o Rotrou III le Grand, 2e cte du Perche, 2o Robert de France, cte de Dreux ; T. 44, 45, 50, 51, 70, 62, 97 ; II, 6.

Salle (la) [château en Pontgouin, cant. de Courville, arr. de Chartres, Eure-et-Loir. Pays Chartrain]. — *Anne* (dame de la), ép. Simon de Melun, sgr de la Loupe et Marchainville, maréchal de France, tué à Courtrai 11 juil. 1302 ; II, 211. — *Le seigr de la, en 1383 :* Simon de Melun, arr. petit-fils des précédents ; II, 264.

Salles-en-Perchet (les) [en Champrond-en-Perchet, com. réunie à Brunelles, cant. de Nogent-le-Rotrou, Eure-et-Loir. Perche]. — *Hébergement* ; II, 88 ; — *Chapelle* ; II, 88.

Salmon (Claude), trésorier du Vendômois ; II, 148.

Salomon, Trecensis ; II, 217.

Sancerre (Sacrumcesare) [v. et arr. du Cher. Berry]. — *Comté :* 71 ; II, 28 ; — *Maison de :* Etienne de Champagne, 1er cte de, sgr de la Loupe, fils de Thib. le Grand, † à Acre 1191 ; 163 ; — Etienne, sr de Châtillon-sur-Loing, la Loupe et de Marchainville, Gr. Bouteiller de France 1248, fils d'Etienne I ; 56 ; II, 209.

Sanche ... de Castille, ... de Navarre, voir ces noms.

Sandarville [com. du cant. d'Illiers, arr. de Chartres, Eure-et-Loir. Pays Chartrain] ; 27.

Sandouville (Jehan de), sr de la Heuze, maitre d'hôtel du roi ; II, 143.

Santblançay, voir Semblançay.

Saonnois, voir Sonnois.

Sapin (Jehan d'Angennes dit), sr de la Loupe ; II, 265.

Sarthe. — *Rivière,* afft de la Loire ; 9, 17, 19, 20, 101, 166 ; — *Département :* 140, 166.

Sasierges (Pierre de) ; II, 258.

Saucelle (la) [com. du cant. de Senonches, Eure-et-Loir. Thimerais, châtie de Châteauneuf] ; 155.

Saugrain, éditeur ; 152.

Saugy ; II, 223.

Saulnières [com. du cant. de Dreux, Eure-et-Loir. Thimerais, châtie de Châteauneuf] ; 155.

Saumeray [com. du cant. de Bonneval, arr. de Châteaudun, Eure-et-Loir. Perche-Gouet] ; 161.

Saumur (Salmuria) [Maine-et-Loire. Anjou] ; II, 33.

Savoie. — *(Maison de)* : Charlotte, ép. le roi L. XI ; 74, 76, 91, 97 ; — Louise, dsse d'Angoulême, Anjou, Nemours Touraine, csse du Maine, Gien, † 22 sept. 1531, ép. Charles d'Orléans, cte d'Angoulême, mère du roi Fr. 1 ; II, 159 ; — Marie-Adélaïde, ép. Louis de France, duc de Bourgogne ; 74 ; — Marie-Louise, ép. Louis de France, cte de Provence (L. XVIII) ; 74, 97.

Saxe. — (*Maison de*): Henri le Lion, duc de Saxe, Bavière et Brunswick, ép. en 1168 Math. d'Angleterre ; 52 ; — Marie-Josèphe, ép. Louis de France, dauphin ; 74.

Scrobesburia. voir Shrewsbury.

Seez [cant. de l'arr. d'Alençon, Orne. Normandie] ; — *Diocèse* ; 17, 25, 107, 111, 114, 115, 116, 167 ; — *Pays* (Sagisum) ; 27 : — *Ville* ; II, 223 ; — *Evêques* : 19 ; Grégoire l'Anglais (1379-1404), 172quater ; — Johannes, Jean Ier (1124-1143), 19 ; II, 217 ; — Saint Latuin ; 23, 25 ; — Liscard (1194-1202) ; II, 206 ; — *Chapitre* ; 19 ; — *Seigneurie* ; 102 ; — *Seigneurs* ; le duc de Normandie ; 53 ; — Robert II Talvas, voir Bellème ; — Jean I du Perche, voir Perche.

Seine (Sequana) ; *Fleuve* ; 9, 18 ; — *Bassin* ; 7.

Semblançay, Samblancey, Santblancy, St-Blancey, Semblancey [cant. de Neuillé-Pont-Pierre, arr. de Tours, Indre-et-Loire. Touraine] ; — *Châtellenie* ; II, 121, 124, 131, 144, 152 ; — *Seigneur* ; Rotrou IV de Montfort ; T. 44.

Semca de Pontlevoy ; II, 251.

Senlis (Etienne I de), év. de Paris 1124-1132) ; II, 217.

Senonches [cant., arr. de Dreux, Eure-et-Loir. Thimerais, châti de Châteauneuf] ; 82, 85, 144 à 150 ; II, 83, 93, 101, 216, 221 ; — *Baronnie* ; II, 155 ; — *Châtellenie* ; 148, 156 ; II, 46 à 51, 223, 227 à 234 ; — *Comté* ; 93, 151, 153 ; II, 83, 93, 101, 216, 221 ; — *Etang* ; II, 217 ; — *Forêt* ; 17, 151 ; II, 180, 234 ; — *Seigneur en 1412* : Simon de Dreux ; 172quinquies.

Sens [Yonne. Cap. du Sénonais] ; II, 250. — *Archevêques*: Guillaume VI de Melun (1344-1376) ; II, 251 ; — (1194-1202), Michel ou Pierre de Corbeil ; II, 206 ; — *Le cardinal, Garde des Sceaux* : Jean III Bertrandi ; II, 164.

Septem-Fontes, Sept-Fontaines ; II, 21 ; — *Domina de* ; II, 21.

Sequart (Jehan), bourgeois de Chartres ; II, 264.

Serigny [com. du cant. de Bellème, Orne. Perche, châti de Bellème] ; 128, 141 ; Tabl. alph. — *Parsse St-Rémy*, doy. de Bellème ; 113.

Seram (Hubertus de), miles ; II, 217.

Serara (Guillelmus), hospes ; II, 206.

Sermante (Etienne), tabellion à Fontainebleau ; II, 223, 230.

Sesselz (Thomas), II, 239.

Sessoz (Renaut) ; II, 238.

Seunensis pagus, le Sonnois ; 19, voir ce mot.

Sézanne, seigneurie [cant. de l'arr. d'Epernay, Marne. Brie] ; II, 165.

Sezile (Hôtel de) ; II, 101, voir Sicile.

Shrewsbury, Scrobesburia [cap. du Shropshire. Angleterre] ; 101, 102.

Shropshire [comté d'Angleterre, cap. Shrewsbury] ; 102 ; — *Comtes*, voir Montgommery.

Sibile ... de la Marche, ... de Montgommery, voir ces noms.

Sicile. — *Chancelier* : Etienne du Perche, arch. de Palerme ; T. 44, 50 ; — *Hôtel de*, à Paris ; II, 101 ; *Rois* : Charles I d'Anjou, fils de Louis VIII ; II, 33 ; — Charles II d'Anjou ; — *Reine* : Marguerite d'Anjou, voir Anjou.

Sicotière (Léon Duchesne de la], sénateur de l'Orne ; 65, 130, 146, 170 ; II, 205.

Sigebert, de Gembloux, chronr bénéd. (1030-1112) ; 49, 104.

Sigefroy de Bellème, év. du Mans 960-995) ; 98.

Simon I de Perruche, év. de Chartres (1230-1298) ; II, 194, 247 à 249, 252.

Simon II Lanlaire ou Lemaître, év. de Chartres (1357-1360) ; II, 196, 213, 263.

Simon ... de Dammartin, ... de Dreux, voir ces noms.

Sissé [Cissé, en St-Martin-du-V.-Bellême, cant. de Bellème, Orne. Perche] ; — Matheus de ; II, 41.

Soesai (dominus de) ; II, 240, voir Soizé.

Soisay, St-Hilaire de ; 129, tabl. alph., voir St-Hilaire-de-S. et Soizé.

Soissons [Aisne. Cap. du Soissonnais]. — *Comté* : II, 164, 165 ; — *Comte, en 1540* : Anthoine de Bourbon ; — *en 1505* : Marie de Luxembourg.

Soizé, Soisé, Soisay, Soesay [com. du cant. d'Authon, Eure-et-Loir. Perche-Gouet] ; 159, 161 ; — *Dominus de* ; II, 240 ; — *Parsse St-Thomas*, doy. du Perche ou de Nogent (indiquée par erreur p. 114). — Ne pas confondre *Soizé* avec St-Hilaire de *Soisay* (réuni à la Perrière), ni avec *Souazé*, simple hameau de Brunelles.

Soli (Gilo de) ; II, 238.

Terres Françaises, Terres démem-
brées ; — B^ie de Châteauneuf ; 148,
151, 152 ; II, 108, 109, 128, 131,
141, 151, 223.

Tessilly [com. réunie à Laons, cant.
de Brezolles, Eure-et-Loir. Thimerais ; — Capreoli feodum d'après
Merlet ; II, 21, 22.

Tesson (Robert), ép. Ele d'Alençon,
dame d'Almenesches ; 60, 105.

Teterom, Guillaume ; II, 251.

Teulet (Jean - Baptiste - Théodore -
Alexandre), né à Mezières 1807,
archiviste français, † 1866] ; 21, 52
à 54, 57, 62, 146, 148 ; II, 6, 7, 14,
15, 18, 22, 23, 28 à 31, 38.

Theil (le), Tilia [cant. de l'Orne.
Perche, châtie de Bellême] ; 10, 45,
54, 70, 128, 141 ; II, 20, 21 ; — *Le
Bourgneuf* ; 70 ; II, 20 ; — *Château,
Châtellenie* ; 54, 64, 72, 73, 87 ; —
Forêt ; 70, 71 ; II, 26 ; — *Héber-
gement* ; 70 ; — *Marché* ; 70 ; —
Par^sse N.-D., doy. de Corbon ; 113 ;
Prévôté ; 70 ; — *Vignes* ; 70.

Théligny [com. du cant. de la Ferté-
Bernard, Sarthe. Perche, châtie de
Ceton, diocèse du Mans] ; 19, 115,
128, 142 ; — *Le sgr de* ; II, 239.

Theobaldus, voir Thibaut.

Theodemerensis pagus, v. Thimerais.

Thérouenne [Thérouanne, cant. d'Aire-
sur-la-Lys, arr. St-Omer, Pas-de-
Calais. Artois] ; — *Evêque* : Phil.
de Luxembourg (1497-1516) ; II,
92, 147, 150, 152, 154, 155.

Thesveio sepes ; II, 20, bois de
Theuvy.

Theuvy [Theuvy-Achères, com. du
cant. de Châteauneuf ; Eure - et-
Loir. Thimerais, châtie de Château-
neuf] 155 ; — *Bois* ; II, 20.

Thibaut ... de Blois, ... de Cham
pagne, ... de Navarre, ... de Prulay,
... du Perche, ... de Troyes, voir
ces noms.

Thiérache [Partie orientale du Vermandois, semblant correspondre au
bailliage de Guise] ; II, 255, 257.

Thierry II, roi des Bourguignons ; 8.

Thierry, év. de Chartres (1029-1058) ;
38.

Thimerais (Theodemerensis pagus) ;
6, 23, 29, 111, 140, 143 à 156, 166,
170 ; II, 130 ; — *Baronnie* ; 143 ;
— *Chartes* ; II, 216 ; — *Coutumes* ;
153, 154 ; — *Grands Jours* ; 153 ;
II, 223 ; — *Province* ; II, 216 ; —
Seigneurie ; 118 ; — *Seigneurs* ;
143, de la Maison de Châteauneuf,
voir Châteauneuf.

Thimert [com. du cant. de Châteauneuf. Eure-et-Loir. Thimerais, châtie
de Châteauneuf] ; 155 ; — *Château* ;
27, 42, 144 ; — *Eglise St-Pierre* ;
145.

Thiron, voir Tiron.

Thivars [com. du cant. de Chartres,
Eure-et-Loir. Pays Chartrain] ; 36.

Thomas ... Caun, ... Fogg, ... de
Montagu, ... du Perche, voir ces
noms.

Thoreil, dominus de ; II, 45.

Thoriaco (Guillelmus de) ; II, 243.

Thoriel (Girard de) ; II, 20.

Thouars [cant. de l'arr. de Bres-
suire, Deux-Sèvres. Poitou] ; —
Vicomte : Pierre II d'Amboise ; 74 ;
97 ; II, 127, voir Amboise.

Thounti (Prior de) ; II, 35.

Thuit (le), Tuyt, Thuys [en Boulon,
cant. de Bretteville-sur-Laize, Calvados. Normandie] ; — Baronnie
(avec St-Sylvain) du Duché d'Alençon ; 131, 172 quater ; II, 105, 131,
151, 156, 223.

Thume, fief ; II, 40.

Thyers [Thiers. Puy-de-Dôme. Au-
vergne] ; *Baron*, en 1759 : Antoine
Crozat ; II, 232.

Tiercelin (Louis), bailly du Vendomois en 1505 ; II, 148.

Tilium, voir le Theil ; 45.

Tillet (du), Greffier au Parl^t ; II, 169,
174.

Tillières [Tillières s.-Avre, cant. de
Verneuil, arr. d'Evreux, Eure.
Normandie] ; — *Château* ; 145 ; —
Gilbert de, sgr de Brezolles ; 145,
148.

Timer, voir Thimer.

Tingry [com. du cant. de Samer,
arr. de Boulogne, Pas-de-Calais.
Boulonnais ; — *Seigneurie* ; II,
164 ; — *Seigr* : Ant. de Bourbon,
voir Bourbon.

Tiron (Raoul), anglais, comm^t du
Château de Mortagne ; 84.

Tiron ou Thiron [arr. de Nogent,
Eure-et-Loir. Pays Chartrain] ; —
Abbaye de Bénéd. ; 159 ; — *Cartulaire* ; T. 44, 44, 47, 55, 158,
172 bis.

Tocy (Jean de), ép. Emme de Laval ;
105.

Tolède (Tudela), Espagne, N^le-Cas-
tille ; 48.

Tonnelieux-de-Bourges (les). — *Seigr*,
en 1548 : Ant. de Bourbon ; 152 ;
II, 161, 162.

Torbéchet [Torbichet, en St-Georges-
Buttavant, cant. de Mayenne

Mayenne. Maine] ; — *Terre et château* ; II, 174, 175, 186 ; — *Dames*, en 1768 : Charlotte des Nos et sa sœur ; II, 174 à 177.

Torci ou Torcy [cant. de Lagny, arr. de Meaux, Seine-et-M., Brie] ; — *Terre* ; II, 49 à 51, 55, 56, 65, 68, 78, 75 ; — *Le sgr*, en 1483 ; II, 140, 258 ; Jean d'Estouteville, prévôt de Paris, gr.-maître des Arbalétriers de France.

Torigny (Robert de) ; 39, 49, 50, 51, 103, 144.

Tornan ; II, 56, voir Tournant.

Torrettes (Hélie de), prést au Parlt ; II, 122.

Tosche, Tusca, Touche (de la) ; — Barthelotus ; II, 238 ; — Raimbaudus ; II, 238 ; — Johannes ; II, 238 ; — Odo ; II, 239, voir Tousche.

Toucy, voir Tocy.

Toulouse [Haute-Garonne. Cap. du Toulousain, l'un des Etats de Langue d'Oc] ; — *Archevêque en 1525 :* Jean d'Orléans ; II, 202 ; — *Premier président en 1484 :* Bernard Lauret ; II, 258.

Tour du Sablon (la), château [près Gémages, cant. du Theil, Orne. Perche] ; 10, 87.

Tour Grise de Verneuil, voir Verneuil.

Touraine (Turonicum) [prov. de France, cap. Tours] ; 18, 27, 88 ; — *Le gouverneur en 1483 :* II, 140 ; — *Duc :* François III Hercule de France, cte du Perche, voir France et Perche.

Tour-en-Auvergne [actuellement la Tour-d'Auvergne, cant. de l'arr. d'Issoire, Puy-de-Dôme. Auvergne] ; — *(Le sgr de la, en 1461) :* Bertrand VI, sire de la Tour, cte d'Auvergne et de Boulogne, fr du duc de Bourbon en 1468, † 1494 ; II, 127.

Tournant ou Tornan, terre et châtellenie [Tournan, cant. de l'arr. de Melun, Seine-et-M. Brie] ; II, 49, 50, 52, 54, 55, 65, 68, 70, 75.

Tournebu (Girart de), sgr d'Auvilliers ; II, 104, 107.

Tourneufve (la), terre ; II, 205.

Tournoüer (Alphonse-Joseph-*Henri*), né à Paris 1861, anc. élève de l'Ecole des Chartes, secrétaire d'ambassade ; 26, 126, 172quater.

Tourouvre [chef-lieu de canton, Orne. Perche, châtie de Mortagne ; 9, 55, 128, 142 ; — *Canton* ; 140 ; —

Par^{sse} St-Aubin, doy. de Brezolles ; 115.

Tours [Indre-et-L., Cap. de la Touraine] ; II, 121, 123, 127 ; — *Archev...* (1005-1023), Hugues II de Châteaudun ; T. 44, 30, 37, 38, 39 ; — *Chambre des comptes* ; 134 ; — *Châtellenie* : 152 ; — *Comte en 1059* : Thibaut le Grand de Champagne ; 29, 51, 63, 163 ; — *Le pont de*, seig^{rie} ; II, 131, 132 ; — *Recepta* ; II, 32.

Tousche (Denis et Guillaume de la) ; II, 90, 91.

Tousches (Noël des) ; II, 91.

Touy ; II, 223 [peut-être : le Thuit, voir ce mot].

Trahant, Trahunt, Tréant, forêt [dans le cant. du Theil. Perche] ; 10, 70, 71 ; II, 21, 26, 27.

Trainel (Garnier de) (Garnerus de Triangulo), seigr de Marigny, ép. Hélissende de Rethel ; T. 44, 57, 97, 172bis.

Transport de Flandre (le) [droits cédés ou transportés au roi de France par le cte de Flandre le 11 juill. 1312, sur les châtellenies de Lille, Douai et Béthune, voir Phil. le Bel en Flandre, par Fr. Funck-Brentano, l. V, p. 621 et suiv., 671 et suiv.].

Trappe (la), abbaye [en Soligny-la-Trappe, cant. de Bazoches-sur-Hoesne, Orne. Perche] ; 59 ; — *Cartulaire* ; 59, 146.

Tréant, voir Trahant.

Treceio (de), voir Trizay.

Treffoltz [Tréfols, cant. de Montmirail, arr. d'Epernay, Marne. Brie] ; II, 165.

Trellart (le Plessis), dominus de ; II, 196, voir le Plessis-Trellart.

Tremblay-le-Vicomte [cant. de Châteauneuf, Eure-et-Loir. Thimerais] ; 155 ; — *Dame en 1443 :* Jeanne la Vicomtesse ; II, 199.

Triangulum, Trainel, voir ce mot.

Trinité-sur-Avre (la) [anc. com. réunie à Beaulieu, cant. de Tourouvre, Orne. Thimerais, serg^{ie} de Brezolles] ; 153, 155, 156.

Trizay-au-Perche, Treceium [com. du cant. de Nogent, Eure-et-Loir, Perche, châtie de Nogent] ; 128, 142 ; II, 21 ; — *Par^{sse} St-Martin*, doy. du Perche ; 114.

Trizay-lez-Bonneval [com. du cant. de Bonneval, Eure-et-Loir. Perche-Gouet] ; 101.

FIN.

Mortagne. — Imp. de l'Écho de l'Orne, place d'Armes.

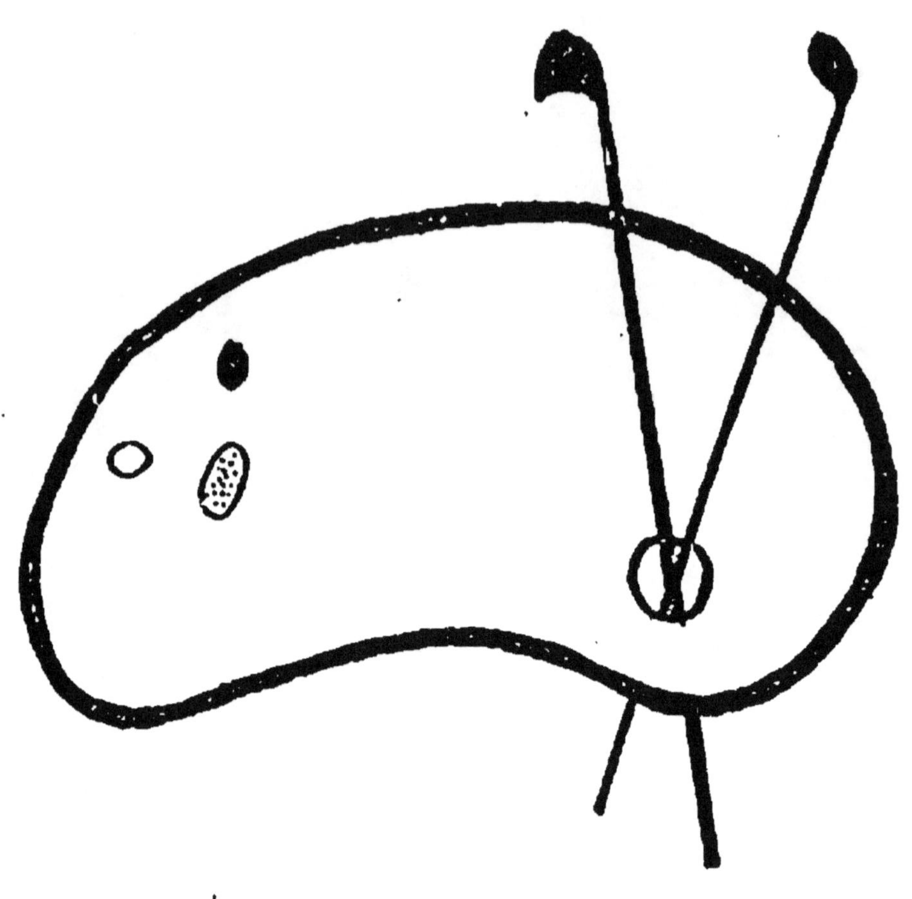

ORIGINAL EN COULEUR

NF Z 43-120-8